Dr Albéric ROUSSEL

MÉDECIN DU MINISTÈRE DE L'INSTRUCTION PUBLIQUE

LA

FRANKLINISATION

RÉHABILITÉE

Avec 12 figures dans le texte.

PARIS

OCTAVE DOIN, ÉDITEUR

8, PLACE DE L'ODÉON, 8

1904

LA FRANKLINISATION

RÉHABILITÉE

LA
FRANKLINISATION
RÉHABILITÉE

PAR

Le Dr Albéric ROUSSEL

Médecin du Ministère de l'Instruction publique
et des Beaux-Arts,
Officier de l'Instruction publique, etc.

AVEC 12 FIGURES DANS LE TEXTE

PARIS

OCTAVE DOIN, ÉDITEUR

8, PLACE DE L'ODÉON, 8

—

1904

PRINCIPAUX TRAVAUX DU MÊME AUTEUR :

Essai sur la convalescence du Rhumatisme articulaire aigu. — Signes cliniques et analytiques de la guérison confirmée. — Paris, 1881.

Des inhalations balsamiques en thérapeutique. — Leur action dans les affections des voies respiratoires et de l'appareil urinaire. — Paris, 1884.

La Sorcellerie à travers les âges. — Paris, 1886.

Quelques considérations sur l'hygiène des habitations. — Paris, 1888.

De la tension artérielle aux différentes altitudes. — Paris, 1895.

Utilité et avantages thérapeutiques des iodures associés au benzoate de soude avec le sirop de stigmates de maïs. — Paris, 1898.

Aperçu comparatif sur l'eau à l'extérieur et l'électricité au point de vue thérapeutique. — Paris, 1903.

Hygiène et médecins. — La salubrité publique assurée par l'aldéhyde formique. — Paris, 1904.

AVANT-PROPOS

J'ai voulu, en écrivant ce petit livre, mettre les praticiens à même de trouver réunis en quelques lignes : l'historique, l'instrumentation, l'action physiologique, les applications thérapeutiques de la Franklinisation. J'ai cru devoir, intercurremment, dire quelques mots de l'ozone trop négligé dans les traités d'électrothérapie. J'ai fait en sorte de demeurer clair en éliminant de parti pris les formules mathématiques et les théories transcendantes par trop arides ou fastidieuses pour le plus grand nombre. C'est donc un *Vade-mecum élémentaire du franklinisateur* que je livre à l'appréciation et à la bienveillante indulgence de mes confrères.

On s'étonnera peut-être que, dans une œuvre de compilation, je n'hésite pas à reproduire des opinions et des observations émanant d'auteurs quelque peu discutés. Guidé par la sincérité, je n'ai pas cru devoir faire une sélection dans les affirmations de mes prédécesseurs dont je n'ai aucune raison pour suspecter la bonne foi. Ils étaient convaincus comme je le suis moi-même et ils n'ont pas eu le don de faire pénétrer leurs convictions dans le camp des sceptiques et des indifférents. Qu'y a-t-il d'étonnant, dans ces conditions, à ce qu'ils aient essuyé quelques critiques ?

L'Électricité statique a subi, depuis son origine, des alternatives de vogue et d'abandon relatif qu'il faut, en grande partie, attribuer à l'emballement pour tout ce qui est nouveau. Trousseau disait, en parlant des médications nouvelles : « Hâtons-nous d'en user pendant qu'elles guérissent. » Il semble que l'électricité ait eu, de loin en loin, le même sort que les drogues inédites. C'est ainsi que nos pères ont vu la Franklinisation délaissée dès l'apparition de la pile de Volta.

Duchenne de Boulogne, dont les travaux sont impérissables, ne s'était probablement pas rendu compte des résultats et des procédés de l'électricité statique, quand il a osé écrire que la vertu thérapeutique du courant franklinien est aussi peu appréciable que son action physiologique. Il est vrai que, plus loin, avec une flagrante inconséquence,

il avoue que « l'électricité statique a guéri
des chorées ou danses de Saint-Guy, et un
assez grand nombre d'affections nerveuses
ou paralytiques ». C'est donc qu'il n'a pas
toujours été aussi ennemi de la Franklinisation qu'il voulait le paraître.

C'est à Charcot et au Dr Romain Vigouroux que revient l'honneur d'avoir tiré de
l'oubli la machine électro-statique. Voici
comment s'exprimait Charcot dans la confé-
rence qu'il fit à la Salpêtrière, le 26 décembre 1880 : « Un mot, d'abord, sur l'opinion
des modernes relativement à la valeur de
l'électricité statique en physiologie et en médecine. Duchenne de Boulogne, MM. Béné-
dikt, Rosenthal se taisent ou à peu près,
M. Onimus en parle, mais lui est peu favorable.

« Cependant, veuillez remarquer que c'est
par l'électrisation statique que l'électricité
médicale a commencé. Le temps me manque
pour vous faire en détail l'histoire de ses
débuts et des espérances qu'elle avait fait
naître. Je vous engage à lire à ce sujet le
beau mémoire de Mauduyt (*Mémoires de la
Société royale de Médecine*, 1778). Ce mémoire,
qui présente le tableau complet des méthodes employées et des résultats obtenus à
cette époque, est, en même temps, le dernier

travail important publié sur l'électricité statique. Bientôt survint la découverte de la
pile et toute l'attention des médecins se
tourna de ce côté. Depuis lors, la galvanisation et la faradisation, successivement d'a-
bord, et, dans ces derniers temps, simultanément, ont seules représenté les applications médicales de l'électricité.

« L'ancienne électricité statique était, on
peut le dire, tombée dans l'oubli, ou mieux,
le dédain le plus absolu. On lui reprochait
sans doute d'être trop simple et un peu gros-
sière. Je n'ignore pas cependant qu'on aurait
pu la retrouver dans la pratique privée de
quelques médecins, soit en France, soit à
l'étranger, mais ce n'étaient là que des faits
individuels, en quelque sorte sans retentis-
sement, n'ayant donné lieu, d'ailleurs, à aucune publication régulière.

« Les essais que je vais vous faire connaître, bien qu'il ne s'agisse que d'une re-
naissance, d'une restauration, peuvent donc
prétendre à une certaine originalité. Voici
d'ailleurs, en deux mots, comment la machine statique a fait son apparition à la Salpêtrière. Il y a environ quatre ans, nous
poursuivions ici une série d'expériences
relatives aux applications métalliques de
M. Burq, et nous cherchions si d'autres agents

physiques pouvaient donner lieu aux mêmes
phénomènes que les plaques de métal. Le
Dr Vigouroux, qui s'occupait déjà à cette
époque d'électrothérapie dans mon service,
eut la pensée que l'électricité de haute tension, celle fournie par la machine électrique,
devait donner au plus haut degré les effets
cherchés. Il était, du reste, guidé par des
vues théoriques qu'il a exposées dans diverses publications (1).

« J'engageai, avec l'agrément de l'admi-
nistration, M. R. Vigouroux à établir dans le
service une machine statique; depuis lors
notre matériel d'électrothérapie, sans cesse
amélioré par ses soins, a été de la plus
grande utilité, tant pour les malades de
l'hospice que pour ceux du dehors. Je suis
heureux de reconnaître que si l'électrisation
statique est réintégrée définitivement dans
la thérapeutique, ce résultat sera dû, en
grande partie, aux efforts persévérants de
M. Vigouroux. »

Malgré les efforts de l'École de la Salpêtrière, l'électricité statique vient une fois
encore d'être éclipsée par les courants alternatifs à haute fréquence de M. d'Arsonval.
Bien que les expériences de ce dernier aient

____

(1) *Soc. de Biol.*, 1877-1878 ; *Gaz. méd.*, 1878, etc.

donné à différents physiologistes, notamment à M. Marmier, de Paris, et à M. Querton, du laboratoire de l'institut Solvay, des résultats absolument négatifs, bien que les assertions optimistes des partisans de la haute fréquence aient rencontré une opposition radicale, les électrothérapeutes ont, de nouveau, délaissé l'ancien arsenal trop simple, trop accessible à tous, pour recourir à un appareillage compliqué dont je ne nie pas, pour ma part, l'utilité curative. Mais il en est résulté que les praticiens, déjà peu disposés à recourir à l'électricité que l'enseignement officiel ne leur a pas appris à connaître, en dépit des résultats probants obtenus en France par Duchenne. Tripier, Onimus et leurs nombreux élèves se sont renfermés dans la plus sceptique indifférence. Il est plus facile d'esquisser un sourire ou de hausser les épaules que de fournir les frais d'une encombrante et onéreuse installation qui, en dehors de la mise de fonds, oblige à des connaissances techniques difficiles à acquérir avec le peu de loisirs que laisse la médecine générale.

Comme le dit le P^r d'Arsonval dans la préface de l'*Electrothérapie* de Bordier, « l'électricité constitue l'agent physique le plus puissant et le plus souple à la fois dont puisse disposer le médecin pour modifier l'organisme. Malheureusement, pour pouvoir s'en servir avec fruit, il ne faut point mépriser ces pauvres sciences qui, tout récemment encore, étaient qualifiées d'*accessoires*, qu'on daigne aujourd'hui appeler *auxiliaires* de la médecine et qui, demain, seront reconnues *fondamentales* ».

Dans sa première et très spirituelle causerie sur l'électricité, publiée par la *Presse médicale* (6 janvier 1904), M. Lermoyez, se plaçant au même point de vue, s'exprime en ces termes :

« ... Très dédaigneusement nous qualifions la physique et la chimie de sciences accessoires, pour que leur abandon pèse moins sur notre conscience. Certes, le mot est piquant; de nos jours, La Fontaine eut peut-être fait dire à son renard que les raisins étaient accessoires. Nos étudiants s'imaginent en toute sincérité que ces accessoires n'ont pour eux d'autre but que de leur procurer les affres du P. C. N., et bientôt, quand commencera leur vie de clientèle, le *Traité de Physique* s'en ira rejoindre le *Dictionnaire grec-français* dans l'armoire poudreuse où gît leur passé mort.

« Des choses de l'électricité nous savons certainement moins qu'un ouvrier poseur

de sonnettes, ne vous en déplaise! Joules,
Coulombs, Ohms sonnent à nos oreilles
comme autant de syllabes d'une langue asia-
tique, et le mot Watt éveille tout au plus en
nous quelques idées de pansement. Certain
praticien crut un jour que je faisais de la
politique dans mon service d'hôpital, parce
que je parlais aux élèves d'ampère-heures;
et ce qui surtout l'en persuada, c'est qu'au
cours de notre entretien, il était souvent
question de volts...

« De l'énergie! Voici venir un mot tellement différent d'huile de ricin et de vési-
catoire, que le praticien s'en détourne. Peut-
être, après tout, n'a-t-il pas tort; il s'est
échaudé en touchant des livres prétendus
didactiques qui, de peur de paraître élémentaires, l'ont mené vers la transcendance à
travers l'inintelligibilité. »

Ma conviction est que l'électricité statique
est appelée à rendre à l'espèce humaine des
services beaucoup plus importants que ceux
qu'on lui a demandés jusqu'ici, et qu'en la
réhabilitant on mettra entre les mains de
tous les médecins, en même temps qu'une
instrumentation peu compliquée, un puissant moyen d'action sur le courant nerveux,
sur la circulation et sur l'ensemble des actes
nutritifs.

Il n'y a, d'ailleurs, aucune raison pour que l'électricité médicale soit spécialisée. Les connaissances préalables qu'elle comporte sont tellement élémentaires et l'application de ces connaissances est tellement étendue et diverse que toute idée de spécialité la concernant doit être écartée. Il s'agit là, en réalité, d'un moyen thérapeutique dont l'application embrasse presque toute la pathologie, et c'est pour cela qu'il doit être mis à la disposition de tous les praticiens. Cette nécessité s'impose d'autant plus que l'effondrement de l'ancienne thérapeutique est aujourd'hui reconnu par ceux-là même qui semblent préposés à sa défense.

Voici quelques extraits d'une importante leçon faite par M. le Pr Hayem à propos du projet de reconstitution des hôpitaux, et reproduite par le *Journal de médecine interne* (décembre 1902) :

« ... *La thérapeutique fondée sur l'usage des médicaments* est une thérapeutique combattue qui *a fait son temps.* Déjà, en 1879, lorsque je fus nommé professeur de thérapeutique à la Faculté de médecine, l'édifice de la thérapeutique galénique, pharmacologique était, pour ainsi dire, vermoulu. Depuis, les choses ont marché, et on peut dire qu'il est complètement effondré.

. . . .

« ... Le plus grand danger que court un malade atteint chroniquement, c'est de voir son état se compléter d'un empoisonnement médicamenteux, ou, tout au moins, d'une irritation stomacale d'origine muqueuse. Je n'ai pas besoin de répéter encore ici ce que j'ai souvent énoncé dans mes leçons antérieures ; qu'il me suffise de vous rappeler que *la proportion des cas d'empoisonnement chronique par les médicaments dans la clientèle des villes* est, toutes maladies chroniques prises en bloc, de **80** %, c'est énorme !

. . . .

« Pour les *maladies chroniques*, c'est à l'organisme que nous devons nous adresser, car c'est lui qui lutte, qui se défend, qui, seul, peut en arrêter les progrès, en effacer les désordres. Alors la thérapeutique a pour but de provoquer des réactions intra-cellulaires, tantôt d'ordre physique, plus généralement d'ordre purement nutritif, c'est-à-dire *de soutenir la nutrition des éléments anatomiques*. Ce but est atteint plus sûrement qu'avec les médicaments, *par les stimulants normaux, les modificateurs* dits *de l'hygiène*, qui sont devenus aujourd'hui les agents thérapeutiques les plus remarquables. Et il faut faire entrer dans les agents dits de l'hygiène les *agents physiques*.

« Les vrais moyens thérapeutiques sont donc les suivants (pour les maladies chroniques) : *les stimulants* dits *de l'hygiène*, repos et exercices, ingestats de matières alimentaires, boissons, et, se rattachant à ces ingestats, les matières salines, les eaux minérales, l'air et le climat, les agents physiques et mécaniques, agents thermiques, *électricité*.

« La conclusion de cette revue rapide est d'une grande simplicité et peut se résumer ainsi : la thérapeutique s'est transformée et elle tend à se transformer de jour en jour et à entrer dans une certaine voie qui est la voie d'abandon des agents chimiques. La pratique de la médecine ne se résout plus dans la prescription journalière, quotidienne, de poudres, de cachets, de potions quelconques dont les formules varient selon les caprices des praticiens. Cette sorte d'empoisonnement que vous avez vu souvent compliquer la situation des malades atteints chroniquement, a fait son temps, et s'il n'est pas fait complètement, il est facile de prévoir que la disparition se produira bientôt.

« Et il ne s'agit pas dans cette transformation d'une question de mode comme on en a vu si souvent dans l'histoire des agents thérapeutiques; non, c'est une conquête définitive parce qu'elle est définitivement assise.

« Cette conclusion est, en pratique, très grosse de conséquences. Elle est bien simple en apparence : laisser de côté les agents chimiques et employer les stimulants de l'hygiène. Eh bien ! cela nous conduit dans la pratique de la médecine à des conséquences considérables... » (*Journal de Physiologie* du Dr Albert Weil, 15 janvier 1903, p. 30.)

Si le traitement des maladies à l'aide de la franklinisation n'a pas été appliqué avec une foi persévérante, il faut en rendre responsable en partie l'infidélité des machines employées à produire le courant. L'influence de l'hygrométrie, les transitions de pression barométrique, la brusque apparition d'un orage étaient autant de conditions d'instabilité et souvent d'insuccès dans la marche. D'un autre côté, j'ai cru remarquer, à tort ou à raison, que le rendement des machines les plus connues était non seulement inconstant, mais parfois insuffisant et partant incapable de confirmer la guérison de malades qui, après une amélioration manifeste, semblaient marquer le pas, pour ainsi dire, sur la route du progrès.

C'est dans ces conditions que j'ai prié

MM. Malaquin et Poulignier de vouloir bien construire pour mon usage la *machine à grande surface* dont on trouvera plus loin la description. Depuis plus de six mois que je l'utilise, cette machine a rendu à mes malades les plus grands services. Son rendement est sensiblement supérieur à celui des plus puissantes machines employées jusqu'ici. A peine influencée par les plus mauvaises conditions atmosphériques, elle marche avec une merveilleuse régularité de débit. On trouvera à la fin de cet opuscule deux ou trois observations qui démontrent péremptoirement, — ce qui s'explique tout naturellement d'ailleurs — qu'avec une machine plus puissante les résultats sont plus rapidement favorables. Il est rationnel qu'une machine pouvant donner 350.000 volts de tension aura des effets physiologiques et curatifs plus satisfaisants que celle qui n'en peut fournir que 20 à 30.000 au maximum.

Quelques guérisons inespérées, obtenues avec la *machine à grande surface*, m'autorisent à répéter que l'électricité statique n'a pas dit son dernier mot et que sa valeur peut être mise en parallèle avec la haute fréquence dont la spécialisation est devenue un obstacle regrettable à la diffusion du traitement électrique. Le Dr E. Albert Weil a d'ailleurs démontré, ainsi que nous le verrons plus loin, qu'avec une machine statique on peut obtenir des courants et des effluves de haute fréquence comparables, mais non analogues, à ceux que donne le résonateur adapté aux appareils de M. d'Arsonval et que ces courants ont une action héroïque dans le traitement de certaines lésions cutanées ou muqueuses.

En terminant, je tiens à répéter que je fais le plus grand cas pour la pratique médicale des autres modalités de l'énergie électrique, modalités auxquelles on devra avoir recours dans les affections peu nombreuses à mon sens où la franklinothérapie serait sans action, mais je demeure convaincu que l'électricité statique sera universellement appréciée le jour où le praticien, pénétré lui-même des bons effets de cette méthode, fera partager à ses malades sa foi et sa conviction. Nous vivons dans un siècle où la lutte pour la vie est de plus en plus âpre, où, plus que jamais, le temps est de l'argent et où, dans la classe moyenne, les conseils du concierge ou du coiffeur priment magistralement l'influence trop peu persuasive du médecin traitant. Autant de difficultés auxquelles se heurtera l'électrothérapeute toutes

les fois — et elles sont nombreuses — que le
traitement exigera des mois entiers de
séances ininterrompues pour amener la guérison.

Il n'est pas rare de rencontrer par le monde
des gens à la parole facile et à la conscience
élastique qui s'en vont racontant à qui veut
les entendre l'insuccès de l'électricité sur
leurs maux. Ce qu'ils ne disent pas, c'est
qu'en deux ou trois mois, ils se sont astreints
à gravir trois ou quatre fois peut-être le
tabouret d'isolement. C'est malheureusement
avec des affirmations aussi peu sérieuses
qu'on assied la réputation de l'électrothérapie et qu'ici, comme ailleurs, on écrit l'histoire.

Dr Albéric Roussel.

Avril 1904.

LA FRANKLINISATION

RÉHABILITÉE

CHAPITRE PREMIER

HISTORIQUE

I

Les origines de l'électricité statique.

Diodore de Sicile rapporte que les Tyrrhéniens ou Étrusques, colonie grecque fixée dans la Toscane depuis le siège de Troie, contemporains et compatriotes de Numa Pompilius, second roi de Rome, 784 ans après Moïse, étaient très instruits dans tout ce qui a rapport au *tonnerre*. Ce roi fit bâtir sur le mont Aventin un autel à Jupiter Elicius qu'il avait le pouvoir de faire descendre du ciel avec sa foudre, pouvoir dont il usa largement dans les circonstances importantes. Tullus Hostilius, qui lui succéda, voulut frapper l'imagination de ses sujets par le même procédé, mais il manqua d'adresse et périt foudroyé. Lucain, dans sa *Pharsale* (1606), raconte qu'Aruns ramassait les éclairs dispersés dans le ciel et les ensevelissait dans la terre. C'étaient encore les Etrusques qui avaient inventé comme armes de guerre des piques pour lesquelles ils avaient un respect religieux, en raison, dit Plutarque, des bulles de feu qu'on voyait voltiger sur leurs pointes; nous sommes pourtant encore bien loin de l'invention du paratonnerre.

Cent quatre-vingt-dix-neuf ans après, Pythagore admettait « une substance très subtile existant non seulement dans l'homme et les animaux, mais encore dans les plantes et les minéraux; cette substance donnait la vie à toute la création ».

Théophraste, et Aristote dans le siècle suivant, reconnaissaient l'attraction de certains corps les uns pour les autres, tels que l'ambre, en grec *Électron*, dont Pline et Dioscoride vantent aussi la vertu.

Nous sommes en droit de dire qu'Hippocrate, homme d'un génie supérieur, connaissait l'électricité animale puisque, dans beaucoup de maladies, il ne conseillait uniquement que des frictions sèches, et, en d'autres cas, des frictions avec des substances grasses, c'est-à-dire tantôt avec des corps conducteurs et tantôt avec des corps non conducteurs de l'électricité.

Théophraste et Aristote parlent déjà de la commotion électrique produite par la torpille et décrivent les sensations qu'elle occasionne sur le corps humain; ils racontent les mœurs de cet animal singulier qui se cache sous le sable et la vase et saisit les poissons qui nagent au-dessus de lui en les engourdissant. Pline le Naturaliste dit que ce poisson a la facilité de « communiquer l'engourdissement si on le touche avec une pique et qu'il peut comme lier les pieds des personnes les plus agiles ». Galien et Plutarque lui attribuent les mêmes propriétés. Oppien va plus loin encore; il dit avoir découvert les organes à l'aide desquels ce poisson produit cet effet extraordinaire. Dans le Ier chapitre de son XXXIIe livre, Pline attribue ce pouvoir à une certaine influence invisible.

La commotion électrique produite par la torpille vivante était un remède usité déjà par Scribonius Largus, — médecin de l'empereur Claude, 17 ans après Jésus-Christ, pour guérir le mal de tête invétéré. Il employait aussi le même remède contre la goutte.

Pour cela le malade devait se rendre au bord de la mer, et, les jambes dans l'eau, mettre ses pieds sur une torpille vivante, jusqu'à ce qu'il éprouve un engourdissement réel dans toute la jambe. Il cite Anthèro, affranchi de Tibère, comme ayant été guéri par ce moyen. Dioscoride et après lui Galien, Paul d'Ægyne et plusieurs écrivains plus modernes, indiquent le même remède pour la migraine et pour les chutes du rectum.

D'après Aétius, médecin grec qui exerçait son art vers 450, la goutte aurait été également guérie par les décharges de la torpille.

Telles sont les origines lointaines dues à l'empirisme et à un ensemble de circonstances fortuites de l'électrothérapie tout entière.

François Bacon, dès 1626, et Isaac Newton, en 1680, admettaient un principe vital qui

« pouvait tout pénétrer —comme l'air et qui, par sa grande mobilité, pouvait recevoir et transmettre toutes les sensations ».

En 1730, Etienne Grey vit la tête d'un jeune homme suspendu par lui à des cordons de soie et en contact avec un tube de verre frotté, attirer des corps légers à la distance de 8 à 10 pouces. Cela prouvait que le sujet isolé avait reçu le fluide électrique du tube et se trouvait réellement électrisé.

En 1734, l'abbé Nollet tira de son collaborateur Dufay, après l'avoir isolé, la première étincelle qui soit sortie du corps humain. Ils jugèrent que le picotement produit par l'étincelle électrique pouvait avoir une grande influence sur le principe vital et devait fournir des secours à l'art de guérir. Ainsi fut trouvée la véritable électricité médicale.

En 1743, Krüger, professeur à Helmstædt, répète l'expérience de Nollet et Dufay dans un but thérapeutique. Bientôt après lui (1744), Kratzenstein (de Halle) reprend cette étude et guérit par l'électricité une femme atteinte de paralysie. En 1748, Jallabert (de Genève) publie un travail considérable sur la question et, quelques années plus tard, il relate dans le *Journal des Savants* une observation d'un malade affecté depuis quatorze ans d'une paralysie du bras droit qui lui était survenue à la suite d'une chute et qu'il guérit en deux mois.

L'abbé Nollet publie en 1749 ses *Recherches sur les causes particulières des phénomènes électriques*, et en 1753 il fait paraître un *recueil de lettres sur l'électricité*.

En 1749, François de Sauvages de la Croix obtient un vif succès avec sa monographie intitulée : *De hemiplegiâ per. electricitatem curandâ*.

En 1750, FRANKLIN commençait la série de ses importantes expériences sur la bouteille de Leyde et le pouvoir des pointes qui le conduisirent à assimiler l'électricité atmosphérique à l'électricité de nos laboratoires et à adopter une nouvelle théorie électrologique.

Franklin admet l'existence d'un seul fluide électrique : un corps à l'état naturel en contient une quantité bien déterminée et le frottement a seulement pour effet de faire passer d'un des deux corps frotteurs sur l'autre une certaine quantité de fluide. L'un se trouve finalement électrisé *plus* que dans son état normal et l'autre *moins*. On dit que le premier est électrisé positivement et le second négativement.

Lindult, médecin suédois, publie en 1753 une guérison d'épilepsie. Il signale également une guérison de danse de Saint-Guy.

En 1775, Antoine Van Haen, professeur à Vienne et premier médecin de Marie-Thérèse, guérit un grand nombre de paralysies de causes diverses. Il rétablit le cours du sang menstruel ; il traite avec succès plusieurs malades atteints de chorée et il préconise l'électricité statique comme le véritable spécifique de cette affection.

Viennent ensuite de nombreux expérimentateurs : Mauduyt de La Varenne avec ses *Mémoires sur les différentes manières d'appliquer l'électricité et le traitement électrique appliqué à 82 malades* (1779).

Mazars de Cazelles publie, en 1780, un *Mémoire sur l'électricité médicale et histoire de 109 malades traités et guéris par l'électricité statique.*

Watson guérit un tétanos chez une jeune fille de sept ans. Puis Teski, Patrice Brydone, Bertholon et notre confrère Marat, qui devait plus tard tomber sous le poignard de Charlotte Corday, signalent d'heureux résultats obtenus par l'électricité statique.

Ici nous entrons de plain-pied dans une période où, avec Volta et Faraday, l'électricité statique, malgré ses brillants résultats, est reléguée dans une systématique obscurité.

Pourtant, malgré les affirmations fantaisistes de Giacomini et de Duchenne (de Boulogne), quelques praticiens demeurent fidèles à la vieille méthode et voici les opinions émises à cette époque par le savant professeur Russel Reynolds, médecin de l'hôpital de l'University College :

« Dans certaines maladies, dit-il, le bain électrique produit des effets merveilleux, sans occasionner aucun trouble au malade. Les seuls phénomènes que présente le sujet sont les suivants : les cheveux se dressent sur la tête, sans qu'il en ressente la moindre douleur ni la plus légère incommodité. Il est vraiment surprenant de voir avec quelle facilité agit ce mode de traitement dans certaines formes morbides. Je l'ai vu faire disparaître en quelques secondes, et comme par enchantement, un tic douloureux qui persistait depuis plusieurs jours. On peut également l'appliquer avec avantage dans certaines formes de névralgie sciatique, de phénomènes douloureux et insolites, de palpitations purement fonctionnelles et de tremblement des extrémités.

« Dans l'aphonie, si l'on fait jaillir une étincelle dans le larynx, quelle que soit la nature du fluide électrique, qu'il soit positif ou négatif, l'aphonie pourra, dans certains cas, disparaître promptement sous l'influence de ce traitement plus ou moins direct. Ce moyen a donné, à ma connaissance, de très beaux résultats dans des cas où d'autres procédés thérapeutiques avaient été essayés plusieurs fois sans succès.

« ...Le meilleur moyen d'exciter la tonicité vasculaire de la peau est d'appliquer l'électricité statique au moyen d'étincelles. Ainsi appliquée, l'électricité excitera la vitalité de la peau, lui restituera souvent sa coloration normale, et rougira la peau de votre propre phalange, si vous l'employez comme conducteur d'étincelles.

« L'hyperactivité des muscles, comme la contracture musculaire, peut être diminuée par l'emploi de l'électricité statique.

« Les états d'hyperesthésie des nerfs connus sous le nom de *névralgies*, peuvent être pour la plupart d'entre eux atténués par l'électricité statique qui peut également être employée pour combattre les spasmes convulsifs et même les tremblements de la paralysie agitante. L'électricité statique donne de très beaux résultats dans toutes les paralysies. On dirige les étincelles sur la partie affectée.

« ...On peut se servir avec avantage de l'électricité statique dans les affections douloureuses, telles que : les névralgies, migraines, sciatiques, tics douloureux, etc.; dans certains troubles de la sensibilité, tels que l'engourdissement, le picotement ou quelques autres. »

Le Dr Arthuis, qui cite ce passage un peu long, mais qu'il nous a paru intéressant de reproduire, s'est attaché, dès 1870, à étudier d'une façon toute particulière cette modalité électrique; il a fait de nombreuses publications et il a apporté à l'ancienne méthode d'importantes modifications reposant sur une expérience consommée. Il a donc été le rénovateur de l'électrothérapie statique et le précurseur immédiat de Charcot et de notre savant confrère le Dr Romain Vigouroux. Ce dernier, véritable apôtre de la franklinisation, a institué à la Salpêtrière un service spécial d'électrothérapie où, depuis 1877, il a acquis une expérience et une compétence universellement reconnues. Dans l'article qu'il a rédigé en 1903 pour la 5e édition de la *Thérapeutique* de Manquat, il dit textuellement ceci : « *Étant donné le rôle de l'électricité statique comme modificateur et stimulant de la nutrition, nous lui attribuons la première et la plus large place dans l'électrothérapie, tandis que nous mettons le classique courant continu au dernier rang.* »

Une semblable opinion émise par un électrothérapeute consciencieux et qui est sur la brèche depuis plus d'un quart de siècle, est bien faite pour convaincre les plus indifférents et les plus sceptiques.

II

1. — Les machines électriques statiques.

Un certain nombre de substances : le verre, la résine, l'ambre, le caoutchouc durci, acquièrent, quand on les frotte, avec un morceau de laine, une peau de chat, etc., la propriété d'attirer les corps, comme des

brins de papier, de paille, de feuilles métalliques et, en général, tous les corps légers
placés à proximité.

Lorsqu'un corps électrisé est placé dans le
voisinage de corps, isolés ou non, électrisés
ou non, il provoque dans ces corps des modifications électriques, des variations dans
la répartition de l'électricité, en un mot, il
agit sur eux par influence; il attire à lui le
fluide de nom contraire et repousse celui de
même nom.

Ces propriétés sont essentiellement passa-
gères. Elles ne persistent pendant un temps
appréciable que pour les corps isolants ou
mauvais conducteurs de l'électricité, tandis
que pour la plupart des corps comme les mé-
taux, la communication est tellement rapide
qu'elle échappe à toute mesure : ce sont les
corps *bons conducteurs*. Les animaux, les vé-
gétaux rentrent dans cette catégorie, de telle
sorte que si un de ces corps est relié au sol,
les propriétés électriques qu'il a pu acquérir
disparaissent aussitôt et le corps est *dé-
chargé*, c'est-à-dire ramené à l'état neutre;
un corps bon conducteur, tel que l'homme,
ne peut donc être électrisé que s'il est *isolé*
du sol par un corps mauvais conducteur, de

là la nécessité du *tabouret* électrique ou d'*isolement*.

C'est sur les principes qui précèdent que repose la construction des différentes machines qui ont été construites depuis l'abbé Nollet jusqu'à nos jours.

On peut diviser les machines statiques en deux types bien distincts : les machines à frottement seul, et les machines mixtes, c'est-à-dire basées à la fois sur le frottement et l'induction. Ces appareils peuvent se réduire essentiellement à trois organes fondamentaux : le producteur de courant, le transmetteur et le collecteur.

La première machine a été imaginée par Otto de Guericke, en 1670 ; elle consistait en un globe de soufre traversé par une tige de fer suivant son axe. On lui imprimait un mouvement de rotation à l'aide d'une manivelle pendant que les deux mains d'un aide appuyées à sa surface faisaient l'office de frottoirs.

On comprend qu'après avoir employé l'électricité développée sur le soufre par ce moyen, il fallait recommencer l'opération ; cet inconvénient seul en faisait un appareil des plus imparfaits.

La machine de Nairne, dans laquelle les mains d'un aide sont remplacées par un coussin et qui permet d'administrer aux malades, tantôt le fluide positif, tantôt le fluide négatif, constitue déjà un réel progrès.

Je signale pour mémoire la machine de Van Marum, et j'arrive à la classique machine de Ramsden, construite en 1768 et qu'on trouve encore dans tous les laboratoires de physique.

Cette machine est ainsi appelée parce que c'est Ramsden qui, sans l'avoir inventée, l'a modifiée dans sa construction, de façon à la rendre bien plus pratique que toutes les machines connues jusqu'à lui. Elle se compose d'un plateau de verre frottant entre deux paires de coussins disposés selon l'axe vertical.

Des mâchoires métalliques placées dans l'axe horizontal et embrassant dans leur concavité le pourtour du plateau de verre et une partie de sa surface, laissent échapper le fluide négatif des conducteurs qui va neutraliser le fluide positif dégagé sur le verre par le frottement de celui-ci sur les coussins.

Les coussins se chargent naturellement

d'électricité négative qui se répand dans le sol par l'intermédiaire d'une chaîne.

Actuellement, les machines électriques les plus utilisées sont construites sur un principe autre que celles dont nous venons de parler: au lieu de recourir au frottement ou au contact, on a, pour ces dernières, recours à l'influence. Un corps étant électrisé, on en approche un conducteur en communication avec la terre. Ce conducteur se charge aussitot d'électricité de signe contraire et restera ainsi électrisé, si l'on supprime aussitôt la communication avec le sol. On peut répéter l'opération un grand nombre de fois, de sorte que, avec une même quantité d'électricité initiale, on en produira une quantité indéfinie. C'est là le principe des machines par influence dont la machine de Holtz a été le premier type.

Cet appareil est à double jeu par la mise en œuvre de deux inducteurs, deux transmetteurs et deux conducteurs; on parvient, par ce dispositif, à faire servir la charge accumulée sur l'un des collecteurs, à augmenter l'électrisation de l'inducteur qui correspond à l'autre de telle sorte que la différence de potentiel des deux collecteurs augmente avec une très grande rapidité. Les étincelles obtenues ainsi sont d'une grande puissance ; malheureusement cette machine est difficile à amorcer et demande, pour son maniement, l'emploi d'une grande force.

Charcot a prétendu que la machine de Holtz donne trop de quantité et est excitante pour la plupart des sujets névropathiques ; il lui préfère un dispositif ingénieux, imaginé par MM. Andriveau et Vigouroux et qui constitue un type Holtz et Carré combiné.

La machine de Carré, qui est d'un maniement facile, donnerait, d'après Charcot, trop de tension relativement à la quantité. C'est, en réalité, une assez bonne machine dont je me suis servi pour ma part pendant dix ans. Le grand modèle installé dans une pièce sèche et convenablement chauffée, de manière à neutraliser l'influence de l'hygrométrie ambiante, peut rendre de réels services en électrothérapie. Elle débite beaucoup et fournit un potentiel très élevé. Ses étincelles sont longues sans être douloureuses ; elles produisent peu d'effet mécanique, mais la charge sur le tabouret est considérable. Malheureusement, comme

toutes les machines à frottement, elle exige
un travail mécanique considérable pour

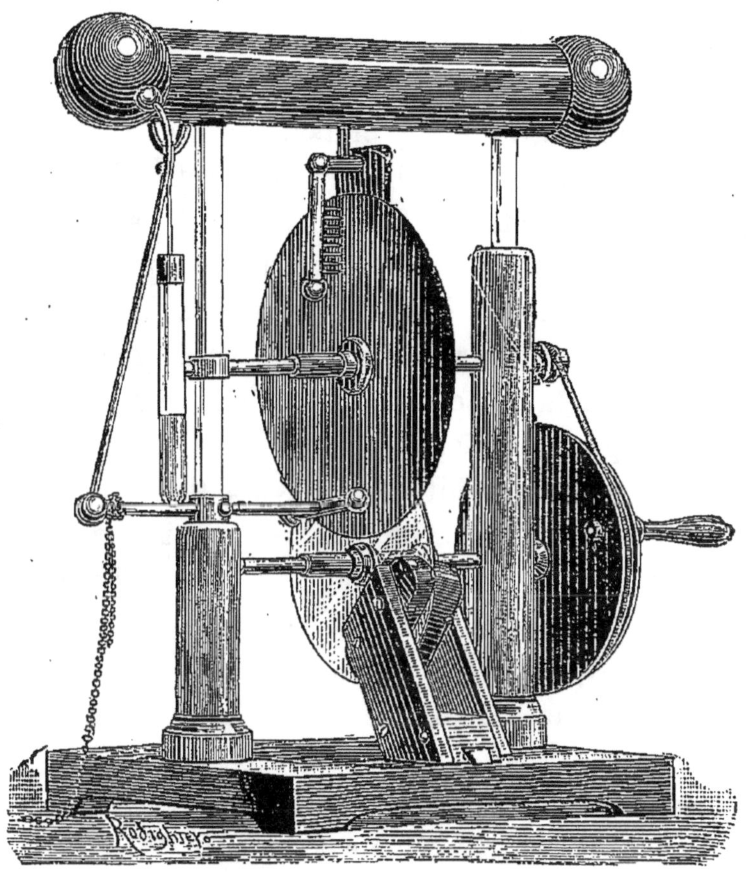

Fig. 1. — Machine de Carré.

vaincre la résistance qu'oppose la constriction des coussins à la rotation de la plaque
de verre ; elle fonctionne mal ou pas du tout

dès que la pression barométrique est basse et que l'état hygrométrique de l'air s'accroît.

Elle est constituée par deux plateaux : l'un de verre qui frotte entre deux coussins enduits d'or mussif, l'autre d'ébonite, beaucoup plus grand. Le plateau de verre fait un tour pendant que l'autre en fait dix. Électrisé positivement, le premier induit, à travers l'ébonite du grand plateau, un peigne qui représentera le pôle positif de la machine. En effet, la charge négative attirée se décharge sur le caoutchouc par les pointes du peigne qui reste électrisé positivement. Le plateau d'ébonite devenu négatif induit un second peigne. La charge positive qui s'écoule par les pointes de ce second peigne neutralise la charge négative du plateau d'ébonite et, en fin de compte, le conducteur cylindrique demeure électrisé négativement.

Guimbail a remarqué que le cylindre à grande surface de la machine de Carré assure à la charge une normale constante. Disons en passant que nous avions observé nous-même cette régularité de débit, et que la notion de ce fait nous a fait concevoir l'idée d'une machine à conducteur de plus grande surface que tous ceux construits jusqu'ici.

La machine de Wimshurst a, sur celle de

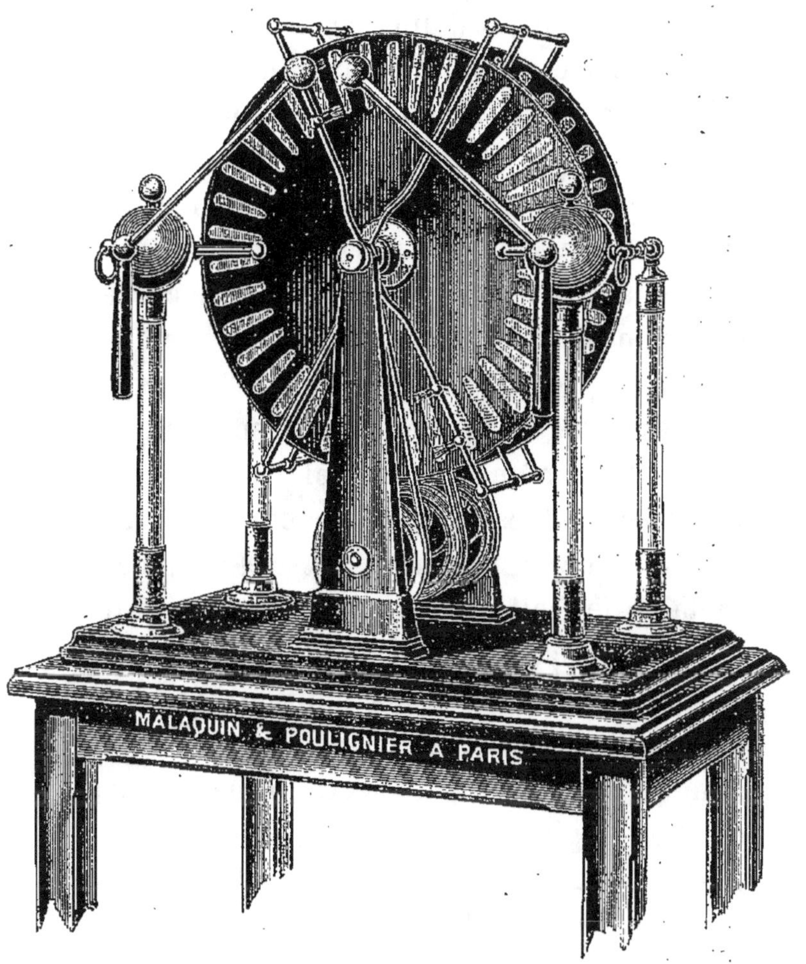

Fig. 2.
Machine statique de Wimshurst (modèle Rebeyrotte).

Carré, l'avantage de fonctionner par tous les temps; elle nécessite peu d'entretien, mais elle a, selon moi, le grand inconvénient de s'amorcer seule et d'une façon indifférente, de telle sorte qu'il est impossible de savoir à l'avance quelle sera la polarité pendant la marche.

Depuis 1883, cette machine a joui d'une très grande vogue et a passé longtemps pour la meilleure et la plus simple des machines à influence. Elle se compose essentiellement de deux plateaux de verre ou d'ébonite parallèles et tournant rapidement en sens inverse sur le même axe. Ces plateaux absolument semblables portent sur leur face extérieure un certain nombre de *secteurs*, pièces métalliques collées sur le verre ou l'ébonite, dans la direction du rayon, mais n'occupant pas plus du tiers ou de la moitié de sa longueur. L'axe porte deux tiges, une de chaque côté du couple de plateaux, formant entre elles un angle droit et un angle de 45° avec l'horizon. Ces tiges portent à chacune de leurs extrémités libres près du bord des disques un petit balai métallique souple qui vient en contact avec les secteurs. La machine est complétée par deux peignes en mâchoire, en communication avec les pôles ou électrodes de la machine et portés sur des colonnes isolantes aux deux extrémités du diamètre horizontal des plateaux. La rotation doit se faire de façon que les secteurs marchent du peigne vers le plus proche balai. Les secteurs qui sortent du même fer à cheval sont électrisés de la même manière, mais, comme ils marchent en sens opposé, ils sont, en chaque point, de signe contraire; ils échangent leur signe dans le plan horizontal. Deux secteurs en regard réagissent l'un sur l'autre, mais ils ne le font d'une manière efficace que lorsque l'un d'eux est en contact avec un balai; pour celui-là, la charge augmente et les charges vont ainsi en croissant indéfiniment. Il suffit, dès lors, d'une charge initiale absolument petite pour que la machine s'amorce d'elle-même (Joubert).

Rebeyrotte, désireux de régulariser le débit de la machine de Wimshurst, a construit une machine à secteurs à laquelle il a ajouté deux gros cylindres et qu'il appelle Wimshurst-Carré combinée. Cette machine est d'une grande puissance, mais elle s'amorce indifféremment, il est donc difficile d'en faire un type électro-médical.

J'avais primitivement prié MM. Malaquin

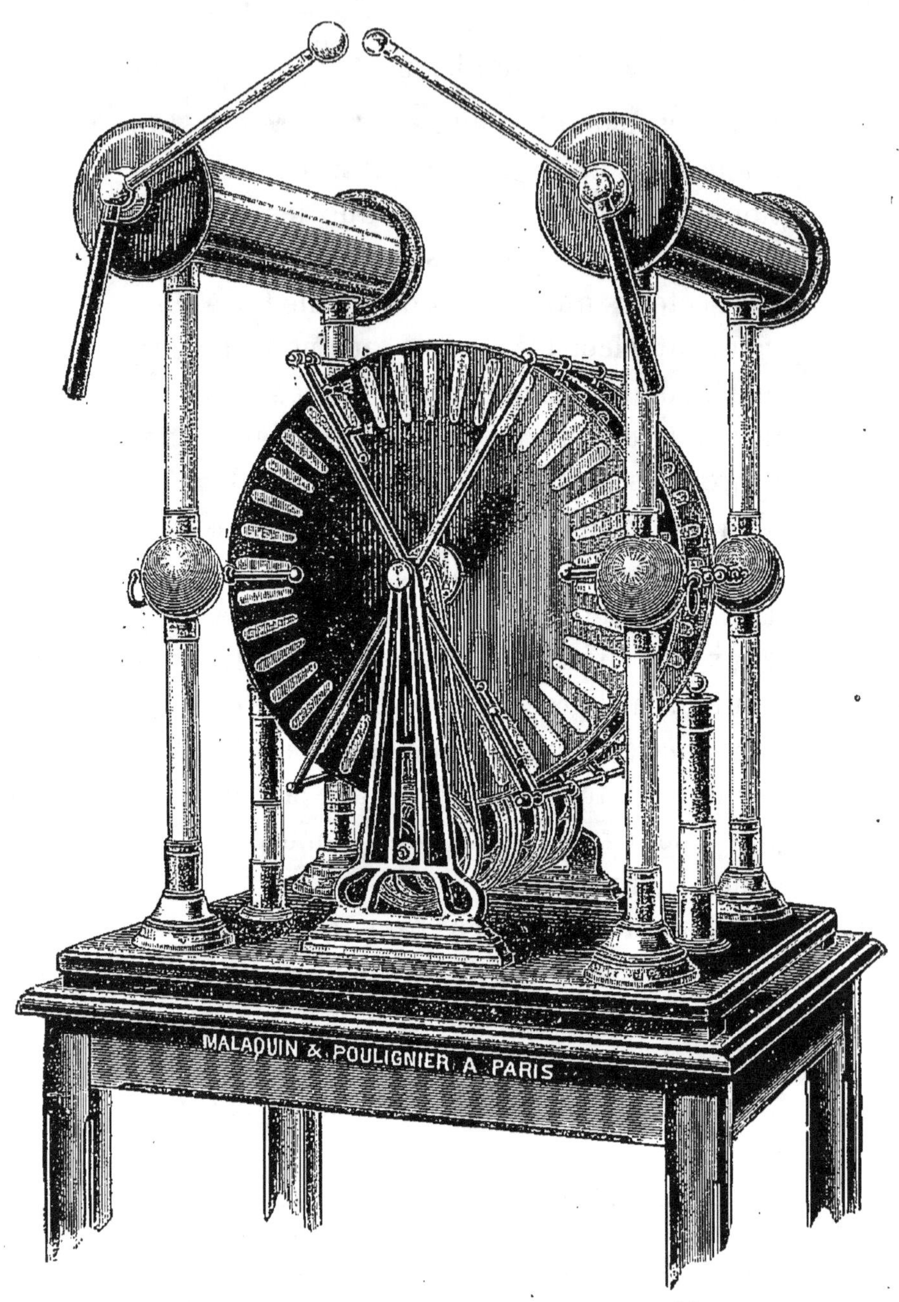

Fig. 3. — Machine Carré-Wimshurst combinée
(modèle Rebeyrotte).

et Poulignier de m'établir une de ces ma-

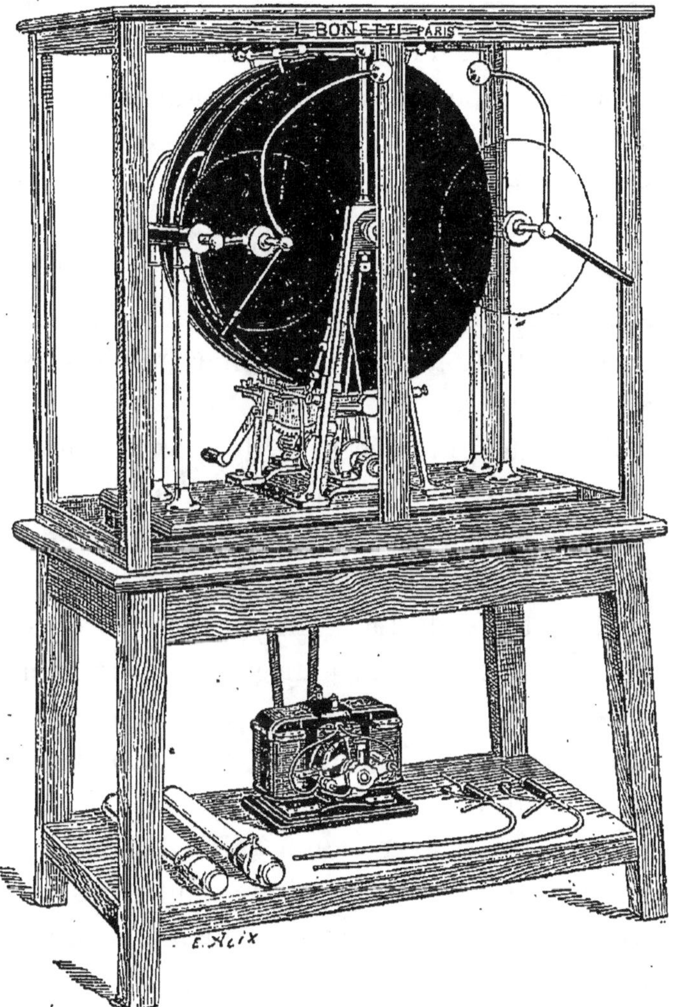

Fig. 4. — Machine Bonetti-Truchot.

chines en supprimant les secteurs. J'obtins

ainsi un instrument superbe par les temps secs, mais qui me joua les plus vilains tours certains jours d'humidité.

Bonetti a construit, sur les indications de Truchot, une machine de Wimshurst sans secteurs et à balais multiples qui est, à mon sens, bien préférable à la machine primitive. Elle est d'un débit plus considérable et ne s'amorce pas seule, de telle sorte que le renversement de la polarité en marche n'est pas à craindre.

Cette machine nécessite de grands soins : elle doit être enfermée à l'intérieur d'une cage de verre. Dans cette cage il est indispensable de maintenir une atmosphère sèche et chaude à l'aide d'une lampe à incandescence qu'on laisse allumée jour et nuit. Il faut entretenir les plateaux dans un état de propreté irréprochable et les passer très fréquemment à l'alcool absolu, puis les frotter et les essuyer avec soin à l'aide d'un chiffon de laine. Ce n'est que grâce à toutes ces précautions qu'on peut espérer de la machine à plateaux de Bonetti un rendement régulier et sérieux.

Le même constructeur a également établi une machine à cylindres concentriques tournant autour d'un axe vertical. Cette ma-

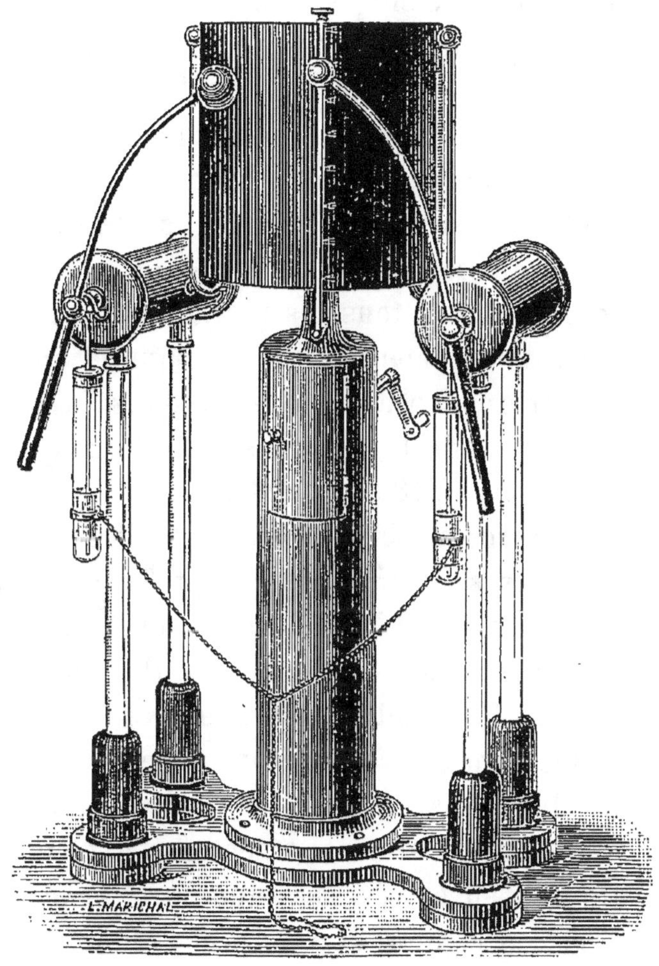

Fig. 5. — Machine à cylindres de Bonetti.

chine donne un débit considérable, elle s'a-
morce facilement et conserve la même pola-

rité tant qu'on ne l'amorce pas en sens inverse. Mais elle est sensible aux variations de l'hygrométrie ; aussi, pour assurer la régularité de sa marche, le Dr Bordier a-t-il indiqué un dispositif qui permet de chauffer la machine en plaçant suivant l'axe vertical un fil de ferro-nickel enroulé sur un cylindre creux qu'on introduit comme une bague autour de l'axe : tous les points des cylindres sont alors également chauffés quand on fait passer un courant suffisant dans la résistance introduite sous les cylindres. (*Arch. d'élect. méd.*, 1899, p. 217.)

D'autres machines ont été établies sur les modèles sans secteurs Bonetti-Truchot, par M. Gaiffe et par MM. Malaquin et Poulignier.

Pour ma part, après avoir utilisé pendant dix ans la machine de Carré, j'ai essayé de la machine Carré-Wimshurst de Rebeyrotte à cylindre parallèle aux plateaux, puis de la Wimshurst-Carré sans secteurs à deux cylindres surélevés. J'ai toujours rencontré avec ces derniers appareils de sérieuses difficultés d'amorçage par les temps humides. Comme il n'est rien de fastidieux pour le médecin comme de rendre son client témoin de l'impotence fonctionnelle d'une machine, comme d'un autre côté, j'avais, à maintes reprises constaté une insuffisance de rendement préjudiciable aux résultats curatifs, j'ai fini par y renoncer.

C'est alors que j'ai confié à MM. Malaquin et Poulignier, qui en ont déposé le modèle, l'exécution d'une *machine à grande surface* dont je n'ai eu qu'à me louer depuis plus de six mois qu'elle fonctionne dans mon cabinet.

Cette machine est essentiellement composée de huit plateaux d'ébonite sans secteurs de 60 centimètres de diamètre, groupés deux par deux, de manière à tourner en sens inverse.

Sur chaque plateau viennent frotter deux balayeuses munies chacune de 11 balais et fixées par une douille sur deux tiges métalliques inclinées de 45° sur l'horizon et fixées aux coussinets de rotation. Je dispose donc ainsi de 176 balais frotteurs qui augmentent d'autant la surface électrisée.

Les peignes à dents sont remplacés par des lames d'aluminium qui, virtuellement, représentent un nombre indéfini de pointes juxtaposées. Les galeries qui relient ces lames à deux cylindres métalliques sont maintenues en place par une simple goupille. Cette dernière enlevée, on amène les lames dans la verticale en dehors des plateaux, ce qui permet de les débarrasser facilement et rapidement de la poussière qui peut les recouvrir.

Deux cylindres latéraux d'un mètre de long sur 9 centimètres de diamètre servent de conducteurs : l'un est indépendant, l'autre est solidarisé avec une sphère en cuivre rouge nickelé de 83 centimètres de diamètre disposée au-dessus des plateaux. Il est relié à cette sphère par une colonne métallique pendant que trois autres colonnes isolantes en verre assurent la stabilité de cette sphère.

L'extrémité inférieure de l'axe vertical de cette dernière porte un disque de verre isolateur destiné à empêcher les effluves et la neutralisation des électricités de noms contraires entre elle et les plateaux d'ébonite. Cet écran de sûreté est à 26 centimètres des plateaux qui sont encore isolés de la colonne métallique verticale reliant la sphère au conducteur cylindrique, à l'aide d'un tablier d'ébonite.

Le cylindre conducteur indépendant porte, au milieu de sa longueur, un excitateur de

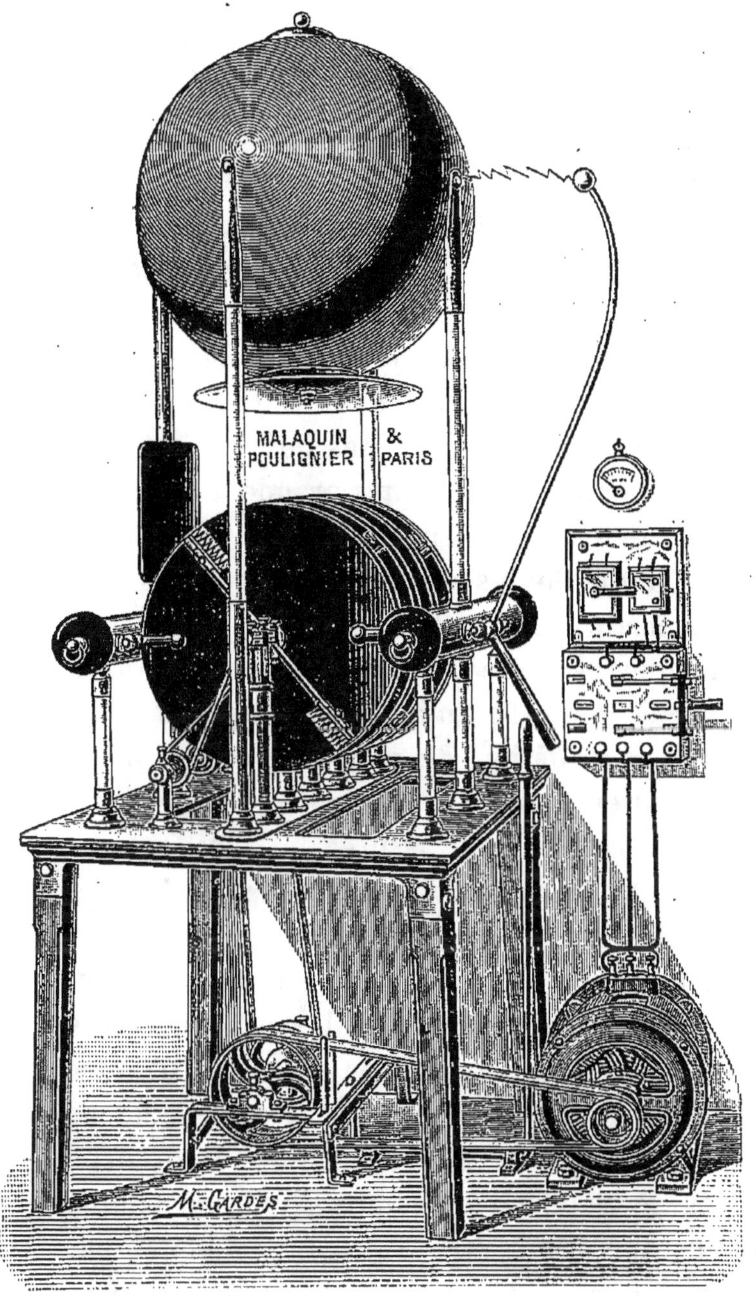

Fig. 6.
Machine à grande surface du Dr Albéric Roussel.

réglage à manche d'ébonite dont l'extrémité supérieure incurvée se termine par une boule de 22 millimètres pouvant être mise en contact avec une section de boule de même diamètre fixée sur la sphère et permettant de régler à volonté la longueur des étincelles.

Cette machine n'est pas auto-excitatrice; elle s'amorce avec la plus grande facilité dès qu'elle est mise en marche, en posant un instant le doigt sec ou enduit d'or mussif sur la partie marginale du sommet d'un des disques. Le pôle positif va toujours se fixer sur la lame d'aluminium correspondant au sens de rotation du plateau amorcé. Il s'y maintient tant qu'on ne l'amorce pas en sens inverse. On peut s'assurer de ce fait en examinant les plateaux dès que se produira le bruissement caractéristique de la production du courant : on trouvera sur les disques, entre les lames et les balayeuses, un large effluve violacé du côté du pôle négatif.

J'actionne cette machine avec un moteur de Gramme de 75 kilogrammètres branché sur le secteur des Champs-Elysées et bobiné de manière à être utilement influencé par les courants alternatifs de ce secteur; une

bobine de démarrage assure le départ. A
l'aide d'un levier d'embrayage et d'une pou-
lie folle, je parviens à régler facilement la
vitesse des plateaux.

Le dispositif que j'ai adopté me permet
d'avoir sous la main, dans un espace de
60 centimètres carrés, les quatre leviers : de
prise de courant, de démarrage, d'embrayage
et de régulation.

Je puis donner aux disques une vitesse
minima de 60 tours et maxima de 900 tours
à la minute. J'arrive à produire des étincelles
de 27 centimètres de longueur, sans condensateurs, ce qui, d'après le tableau établi par
Bordier, représente en volts le potentiel
respectable de 347.400; en conséquence, la
force électromotrice de ma machine est comparable à celle d'une batterie de piles en
tension composée de plus de 350.000 éléments de Daniell.

Je relie toujours le malade au cylindre
solidaire de la sphère que je puis à volonté
électriser positivement ou négativement selon les indications; le cylindre indépendant
représente toujours le pôle de terre. C'est
ainsi que j'ai en réserve une quantité très
grande de fluide qui assure au débit de la

machine une régularité et une puissance in-
comparables.

Dans son mémoire sur l'électricité statique
publié en 1882, le Dr Paul Vigouroux a posé
comme principe que « une machine statique
aura une capacité électrique d'autant plus
grande et que ses étincelles seront d'autant
plus fortes que ses conducteurs offriront
eux-mêmes une plus grande surface ». Il m'a
semblé que, jusqu'ici, dans les différentes
machines employées, la surface des conducteurs n'était pas en rapport avec celle du ou
des plateaux.

Je pouvais craindre, en augmentant dans
des proportions considérables la surface du
conducteur actif, d'arriver à une déperdition
de fluide par l'air, susceptible de faire équilibre à la production d'électricité par les
plateaux. Cet écueil m'a sérieusement préoc-
cupé, et, dès que ma machine a pu fonctionner, je me suis hâté de la mettre en marche
dans l'obscurité. Le soir où je fis cette première expérience, l'état hygrométrique de
l'air était particulièrement élevé; j'eus,
malgré tout, la satisfaction de constater
l'étanchéité de la machine à grande surface
et ses instincts conservateurs.

Je possède ainsi un appareil qui me donne les meilleurs résultats. Il me laisse maître de la polarité, ce qui, dans la pratique, est de la plus grande importance.

Il m'est arrivé bien souvent d'être obligé de renverser le courant pendant un bain électro-statique, par suite de l'intolérance de certains neurasthéniques pour l'électricité négative administrée tout d'abord.

« Il arrive parfois que, quelle que soit la faible durée du courant et son peu d'intensité, certains névropathes ne le supportent pas.

« En pareil cas, on doit renoncer au courant négatif et recourir au pôle positif...

« J'ai pu observer plusieurs cas où cette modification du pôle employé avait pour effet de calmer instantanément l'état nerveux et de permettre de continuer l'électrisation sans incident.

« En fait, le pôle positif donne une étincelle beaucoup plus courte, un souffle moins prononcé; on peut dire qu'il est d'un effet moins intense, ce qui est d'accord avec le fait que nous venons d'énoncer». (Larat.)

Avec une vitesse plus ou moins grande, les plateaux fournissent un débit variable

fort ou faible qui me permet de tâter la susceptibilité du sujet et de ne pas dépasser le
but.

Si les effets thérapeutiques produits par
la franklinisation dépendent de la quantité
d'énergie appliquée au malade, il existe des
cas multiples où il ne faut pas d'emblée
donner tout le débit. Tout le monde connaît
l'état nerveux spécial où l'orage jette la plupart des individus, surtout les névropathes.
C'est donc à l'expérience du praticien qu'il
appartient d'appliquer judicieusement les
doses et la durée des applications.

Avec la machine à grande surface, je puis,
en modérant la tension, traiter sans à-coups
les sujets les plus susceptibles, de même
qu'avec l'énorme puissance dont je dispose,
j'ai vu des malades déjà entraînés au traitement, mais paraissant piétiner sur place, reprendre leur marche ascensionnelle vers la
santé et arriver, en fin de compte, à la guérison confirmée.

On m'objectera que ma machine est encombrante et d'un entretien difficile. Je ne
sache pas qu'une machine statique ait jamais
été un appareil portatif. Celle-ci n'occupe,
en réalité, beaucoup de place qu'en hauteur,

et, dans cette dimension, elle ne saurait être plus gênante que la plupart des autres machines à plateaux multiples. Elle s'entretient le plus facilement du monde : il suffit, tous les huit jours, de passer une peau sur les conducteurs et les lames d'aluminium et, du même coup, de faire tourner à blanc pendant quelques minutes les plateaux sur lesquels on promène une règle plate recouverte de flanelle.

Le graissage est assuré par des graisseurs automatiques à pas de vis disposés au-dessus des coussinets. Ces derniers sont montés à charnières, ce qui permet de les surveiller et même d'enlever les plateaux de loin en loin quand on veut procéder au nettoyage en grand.

Enfin, sans feu dans la pièce où elle est installée, sans aucune mesure spéciale de chauffage ou d'assèchement, ma machine s'est montrée constamment docile à l'amorçage et m'a surtout satisfait par l'imperturbable régularité de son débit.

En résumé, ce qui caractérise cette machine, c'est :

1° L'indépendance individuelle des deux plateaux extrêmes et de chacune des trois paires de plateaux intermédiaires que l'on peut ainsi facilement démonter et nettoyer;

2° La fixité des tiges porte-balayeuses sur les coussinets;

3° Le nombre des balais qui est de 22 par plateau;

4° La mobilité des galeries porte-lames permettant le nettoyage facile de ces lames;

5° L'impossibilité pour les faces voisines des plateaux tournant en sens inverse d'être éclaboussées par le graissage;

6° La possibilité, à l'aide du levier d'embrayage, d'imprimer à volonté aux plateaux de 60 à 900 tours par minute, et de pouvoir ainsi graduer, suivant les indications, la tension et, partant, le débit de la machine;

7° La réserve électrique due à l'énorme surface du pôle actif et assurant au débit une régularité absolue qui produit dans la pratique les plus heureux résultats;

8° Enfin, une tension et un débit de beaucoup supérieurs à ceux des machines utilisées jusqu'ici.

2. — Autres appareils nécessaires
aux applications des courants

En dehors de la machine génératrice du courant, il existe un certain nombre d'accessoires nécessaires pour son application :

Un *tabouret d'isolement* à pieds de verre et à angles arrondis ;

Une *chaise* pour installer le malade sur ce tabouret.

Jusqu'ici, le choix de ce siège a toujours été subordonné au hasard, et on prend la première chaise venue; tant mieux si elle est en bois doré et conducteur, mais, bien souvent, elle est recouverte d'un velours de belle qualité ou d'une étoffe de soie mauvaise conductrice qui ne laisse au malade que la semelle de ses chaussures pour entrer en rapport avec le pôle actif de la machine. Il est vrai que cela suffit dans la majorité des cas.

Il m'a semblé intéressant de faire construire une *chaise conductrice à transformation* (1). Cette chaise permet au malade de s'asseoir normalement pour le bain électro-sta-

(1) Modèle déposé par MM. Malaquin et Poulignier.

tique ou de prendre la position à cheval avec point d'appui pour les avant-bras, quand il s'agira d'effluves ou d'étincelles sur les régions dorso-lombaire, périnéale,

Fig. 7. — Chaise conductrice à transformation, du Dr Albéric Roussel.

intercostale, sciatique, etc. Dans cette dernière position, la douche périnéale est facilitée par une ouverture pratiquée dans la plaque de métal du siège et permettant d'effluver directement la région.

Des excitateurs de toutes formes, sphères,

peignes, disques armés de pointes, balais de chiendent pour l'ozone, pointes isolées dont l angle n'est pas indifférent.

Le Dr Bordier a remarqué que *la surface impressionnée par le souffle est d'autant plus grande que l'angle de la pointe est plus grand.*

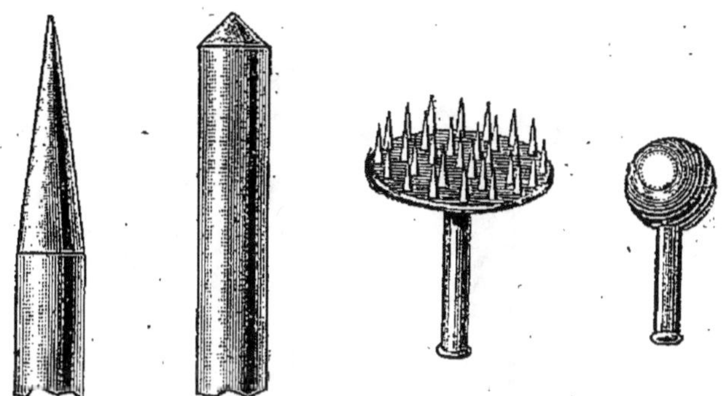

Fig. 8. — Pointe ordinaire. Pointe Bordier. Disque à pointes. Sphère.

C'est avec un angle de 90° et même plus ouvert que l'effet est optimum.

Je suis arrivé, pour ma part, aux mêmes conclusions que le Dr Bordier, mais j'ai remarqué que sa pointe étant un cône dont la base forme avec le tube qu'elle termine un angle obtus, cet angle laisse échapper des aigrettes quand on veut effluver une région déprimée (aisselle, périnée, orifice vulvaire, etc.): aussi ai-je fait établir une série de petites sphères coniques que j'ai appelées les *excitateurs à boules rectanguleuses* et qui présentent tous les avantages de la pointe de Bordier, sans en avoir les inconvénients. (Ces excitateurs ont été déposés par MM. Malaquin et Poulignier).

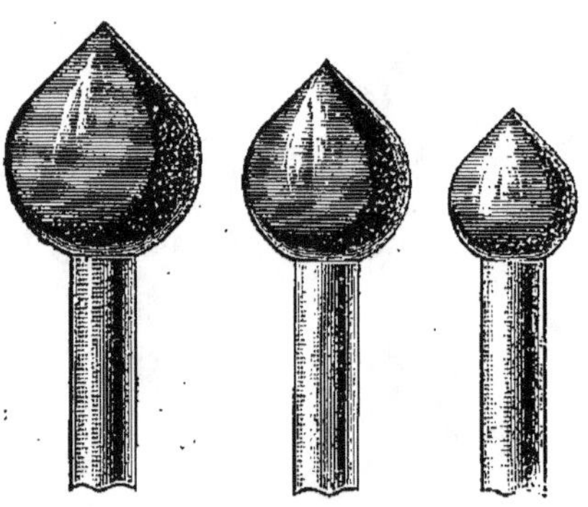

Fig. 9.
Excitateurs à boules rectanguleuses du Dr A. Roussel.

Cette conception que la *boule rectanguleuse* fournissait le maximum du souffle comme étendue et comme intensité m'a conduit à penser que les plateaux à pointes multiples, que l'araignée de Truchot elle-même, pouvaient être avantageusement remplacés, pour la douche, par une grosse pointe conique.

Un grand nombre d'essais comparatifs faits sur le papier ioduré amidonné m'ont confirmé dans cette idée première.

Placée à 20 centimètres d'un cercle de papier sensible de 20 centimètres de dia-

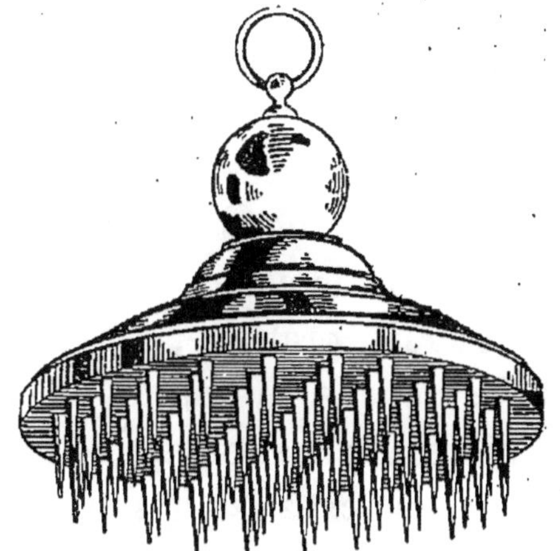

Fig. 10. — Douche ordinaire.

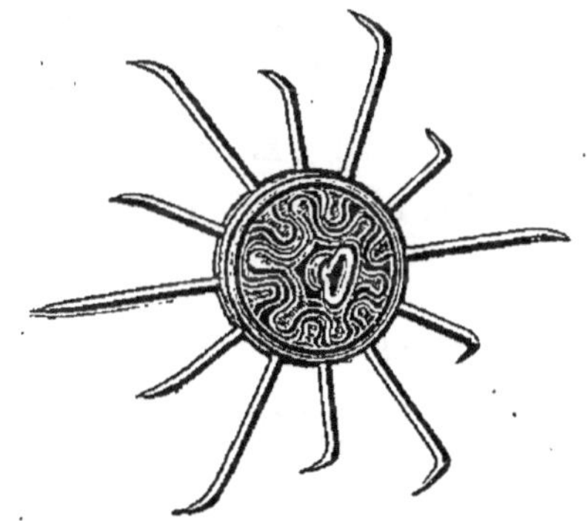

Fig. 11. — Araignée de Truchot.

mètre, le *cône céphalique* (déposé par MM. Malaquin et Poulignier) produit un souffle conique à base inférieure très large, visible dans l'obscurité où son éclat forme un contraste très net avec la timide phosphorescence qui apparaît aux pointes du plateau ou de l'araignée de Truchot. La réaction est périphérique et couleur havane avec l'araignée, discrète et peu accusée avec le plateau, uniformément soutenue et violet foncé surtout au centre avec le cône.

J'ai vu, dans la pratique, des céphalées rebelles à la douche ordinaire disparaître dès la première application du *cône céphalique*. C'est surtout chez les hystériques présentant le phénomène du clou que ce résultat s'est produit.

Un *pied articulé* est également indispensable pour supporter, dans les séances un peu longues, les différents excitateurs, le plateau à pointes, l'araignée de Truchot ou le cône céphalique pour la douche.

Quelques *chaînes rhéophores* ou *conducteurs isolés à isolement renforcé* sont aussi de première utilité.

Enfin, il faut encore un *manche isolant* en ébonite ou en verre qui servira pour les effluves ou les excitations immédiates, et *un excitateur médiat* tel que celui qui a été introduit en électrothérapie par M. Bergonié :

Il se compose d'un manche en ébonite dans
l'intérieur duquel se meut par glissement
une tige conductrice terminée par une boule
de 22 millimètres de diamètre. Un cadre en

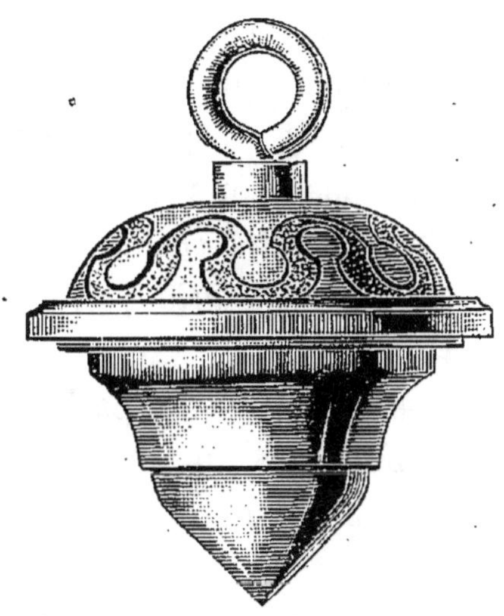

Fig. 12. — Cône céphalique du Dr Albéric Roussel.

ébonite, dont l'autre petit côté porte un conducteur isolé terminé par deux boules dont
une extérieure et l'autre intérieure au cadre,
complète l'appareil. A l'aide d'une graduation que porte la tige conductrice, on peut,
en la faisant glisser, régler facilement la
longueur des étincelles qui jaillissent entre
les boules.

3. — Différents modes d'application
de l'électricité statique.

On applique l'électricité statique aux malades à l'aide de différents procédés ayant une valeur thérapeutique reconnue, mais dont chacun jouit de propriétés curatives spéciales. Nous passerons successivement en revue : *le bain électro-statique, les étincelles, la friction, l'effluvation, les courants statiques induits.*

Bain électro-statique. — Le patient, isolé, en communication avec un des pôles de la machine, l'autre pôle étant à la terre, est porté au même potentiel que la machine elle-même; il fait partie d'un circuit où l'énergie électrique de haute tension est en perpétuel mouvement. L'électricité s'échappant par toutes les aspérités du corps ou des vêtements constitue ainsi un courant continu, et comme, d'un autre côté, l'atmosphère électrique qui enveloppe le patient le place dans une sorte de bain qui n'est pas sans analogie avec un bain d'eau courante, on comprend que Charcot ait donné le nom de bain électro-statique à ce procédé d'électrisation.

La sensation qu'éprouve le sujet est plutôt
agréablé que pénible : les cheveux se
dressent sur sa tête et il ressent une impression qui ressemble assez exactement à celle
que ferait éprouver une toile d'araignée qui
envelopperait les téguments et particulièrement la face.

Les premiers médecins qui ont appliqué
le bain ne paraissent pas avoir attaché
une grosse importance à la recherche du
signe de l'électricité employée; certains
même affirment qu'il n'y a pas de différence
d'action appréciable entre le pôle positif et
le pôle négatif. Je ne suis pas de leur avis.
J'ai remarqué que le bain négatif répondait
à la majorité des indications, mais j'ai dû
bien souvent, comme je l'ai déjà dit, renverser le courant chez certains neurasthéniques
réfractaires au signe *moins*. Nous verrons
d'ailleurs que, pour administrer le souffle
négatif indispensable dans une foule de cas,
il faut mettre le malade en tension positive.

Quant à là durée du bain électro-statique,
elle est variable suivant les indications : au
début d'un traitement, il est utile de ne pas
dépasser cinq minutes, mais, dans certains cas
particuliers, quand il s'agira, par exemple,

de faire reparaître la sensibilité chez une hystérique hémianesthésique, la séance devra durer un minimum d'un quart d'heure et même vingt minutes.

En tout ceci il faudra tâter le terrain et tenir compte de l'excitabilité de l'organisme du sujet. Je considère l'apparition de la sueur à la paume des mains comme un signe de saturation et, dès que ce phénomène m'est signalé par les intéressés, même après trois ou quatre minutes de séance, je supprime le courant.

Nous avons vu que, sur le tabouret isolant, le malade est électrisé au même titre que le conducteur de la machine à laquelle il est relié. Si nous approchons du sujet certains objets conducteurs, ils seront influencés comme s'ils étaient soumis à l'action du pôle correspondant de la machine elle-même. Il était intéressant de noter ce point qui fait bien comprendre ce qui va suivre.

Étincelles. — L'étincelle peut s'obtenir dans plusieurs conditions différentes : le patient isolé en communication avec l'un des pôles, l'autre pôle étant isolé. Dans ce cas, elle est faible. Elle se renforce notablement si le second pôle est à la terre. Si le patient est à la terre, l'étincelle sera encore plus forte ; elle atteindra son maximum si le patient est en communication directe avec un des pôles, soit par l'application d'une plaque, soit en tenant dans la main un manipule polaire. L'électrisation devient ici du type bi-polaire (Guimbail).

Pour employer les étincelles, on approche du malade à une certaine distance la boule de l'excitateur. Plus cette boule sera grosse, plus la décharge sera violente. C'est le procédé le plus énergique qu'on puisse employer en électrothérapie, aussi est-il indiqué toutes les fois qu'on aura besoin d'une forte excitation. La sensation éprouvée par le malade est comparable à celle d'une piqûre forte, mais sans durée, accompagnée d'un choc. Il éprouve du même coup, si on répète les étincelles sur un même point pendant un certain temps, l'impression de chaleur et de brûlure. La peau rougit et, si l'application dure quelques minutes, on voit apparaître, plusieurs heures après sur le point fulguré, une phlyctène qui laisse après guérison une coloration brune de la peau.

L'étincelle électrique est constituée, ainsi que l'a découvert J. Henry, de Washington,

en 1842, par une série de décharges alterna-
nives rapidement décroissantes. En 1857, là
fréquence de ces oscillations a été mesurée
par Feddersen qui en a trouvé des centaines
de mille à la seconde. Ce phénomène admis
et reconnu depuis longtemps établit une
grande analogie entre l'électricité statique
et l'alternatif à haute fréquence de M. d'Arsonval.

L'examen de l'étincelle au spectroscope
prouve que celle-ci présente les raies caractéristiques du métal des électrodes. Si on
fait éclater une étincelle entre une boule
d'argent et une boule d'or, on trouve bientôt
de l'argent sur la boule d'or et réciproquement. Dans ces conditions, on n'est pas
éloigné de penser que l'extrême division du
métal pourrait permettre son passage à travers l'enveloppe cutanée. Si l'expérience
confirmait ce fait, on verrait singulièrement
s'élargir l'horizon de l'électrothérapie. Peut-
être arriverait-on à faire pénétrer dans l'organisme une foule de substances médicamen-
teuses renfermées dans des électrodes tubu-
laires en verre qu'on ferait traverser avant
d'atteindre le patient par une étincelle positive plus active que celle de signe contraire.

Friction. — La friction s'administre en faisant usage d'excitateurs sphériques de différents diamètres qu'on promène sur la surface du corps en les appuyant légèrement sur les vêtements. Les étincelles très courtes crépitent à travers les vêtements mauvais conducteurs. Elles sont d'autant plus fortes que le diamètre de la boule est plus grand, mais, en toute circonstance, la sensation éprouvée est celle d'un picotement incessant et assez douloureux. Si l'on veut électriser par ce procédé une surface découverte, la face par exemple, il suffit d'entourer la boule de l'excitateur de plusieurs doubles de flanelle et de la promener sur la peau.

Au point de vue thérapeutique, les frictions marquent l'intermédiaire entre l'étincelle et le souffle.

Souffle électrique. — L'effluvation est un procédé très doux d'application électrique. On se sert, pour l'administrer, de différentes pointes, et nous avons vu que la forme de ces pointes n'est pas indifférente. Le Dr Bordier avait observé et nous-même nous avons vérifié qu'il y a utilité à ce que le cône formant la pointe ait au moins l'angle droit.

Nous avons déjà dit qu'il y a intérêt à ce que ce cône fasse partie d'une boule au lieu de constituer la partie terminale d'un tube cylindrique. Avec l'*excitateur à boule rectanguleuse*, le souffle est plus intense et la surface impressionnée est plus grande qu'avec une pointe aiguë. Il est facile de se rendre compte de ce fait à l'aide du papier ioduré-amidonné.

Suivant l'effet qu'on veut obtenir, on applique le souffle soit avec une pointe unique, soit avec un support sur lequel sont implantées plusieurs pointes.

Quel que soit le genre de pointes employé, il y a deux manières de procéder : ou bien le malade est plongé dans le bain électro-statique et il reçoit le souffle provenant soit du sol, soit de l'autre pôle de la machine; ou bien le malade n'étant pas isolé du tout, est soumis à la seule action du souffle.

C'est au souffle que se rattache la disposition instrumentale qu'on nomme *douche statique*. Elle se compose soit d'un plateau métallique garni de pointes multiples plus courtes vers le centre, soit d'un disque portant des pointes marginales (araignée de Truchot). J'ai déjà dit pourquoi j'avais renoncé à ces appareils pour employer exclusivement le *cône céphalique* dont l'action est incontestablement plus rapide dans certaines céphalées, surtout dans le clou hystérique. Ces appareils sont suspendus à une potence métallique qu'il est possible d'élever ou d'abaisser à volonté. D'une façon générale, surtout quand on se sert d'une machine à grand débit, l'appareil doit être placé à 20 centimètres au-dessus de la tête du sujet. Une plus grande distance n'amènerait pas un effet suffisant et plus de rapprochement exposerait à des picotements désagréables sur le cuir chevelu, surtout chez les femmes qui savent si bien dissimuler les épingles métalliques dans leur chevelure.

Le souffle bien dirigé et suffisamment prolongé a une action sédative à laquelle j'ai rarement vu résister une névralgie. Quant à la douche électrique, son effet est radical sur les insomnies, les migraines et les céphalées les plus rebelles.

Les *aigrettes* ont toutes les propriétés du souffle, mais à un degré plus énergique.

Pour les appliquer, on se sert soit d'une sphère de bois, soit d'un plateau de même substance muni de pointes médiocrement

conductrices, soit même d'un balai de chiendent dont les tiges sont maintenues par une
bague métallique bien serrée.

**Courants statiques induits ou franklinisa-
tion hertzienne.** — Le courant statique induit est, à juste titre, employé de plus en
plus en électrothérapie. Il se produit dans
le circuit reliant les armatures externes de
deux condensateurs reliés aux pôles d'une
machine statique lorsque des étincelles
éclatent entre les boules des conducteurs
qui sont en rapport avec leurs armatures
internes.

Pour procéder à ce mode d'électrisation,
on suspend aux cylindres conducteurs d'une
machine statique deux condensateurs par
leurs armatures internes ; les armatures externes sont reliées au sol par une chaîne.
C'est sur le trajet d'une de ces chaînes que
se trouve interposé le corps *non isolé* du
malade et dont on a soin de mettre à nu la
partie à traiter.

Nous verrons plus loin les effets produits
par cette méthode, mais il est bien démontré
que la nature et l'intensité de ces effets dépendent de la capacité des condensateurs.
Il y a donc utilité de posséder, comme le

Dr Bordier, trois paires de bouteilles de Leyde, petites, moyennes ou grandes, avec lesquelles on obtient des effets différents sensitifs et moteurs.

Mais il est plus commode d'avoir des condensateurs de capacité variable tels que ceux de Marie et Cluzet. Ils se composent d'un cylindre en ébonite garni en dedans d'une feuille d'étain qui forme l'armature interne. Un second tube en même substance mais plus large que le premier est recouvert en dehors d'une feuille d'étain qui constitue l'armature externe. Une crémaillère permet le glissement à frottement doux des deux cylindres l'un dans l'autre, ce qui facilite le rapprochement et l'écartement des deux armatures. Avec ces appareils on peut toujours répondre aux différentes indications en réalisant la position et, du même coup, la capacité qui convient à chaque cas particulier.

Le Dr Albert Weil a démontré en juin 1898 à l'Académie de médecine qu'*avec une machine statique, on peut*, dans certaines conditions, *produire des courants et des effluves de haute fréquence* comparables à ceux que donne le résonateur adapté aux appareils de M. d'Arsonval; et il déclare n'avoir eu qu'à se louer de ce procédé pour le traitement de certaines maladies cutanées ou muqueuses.

Lorsqu'une machine est en marche, il y a entre les pôles une différence de potentiel. En suspendant aux pôles des condensateurs dont les armatures externes sont reliées par un circuit de grande résistance, il se produit dans ce circuit, au moment où l'étincelle éclate entre les conducteurs de la machine, et par suite entre les armatures externes des deux condensateurs, des appels et des reflux d'électricité : il y a donc courant alternatif. Le corps humain interposé dans le circuit relié aux armatures externes des condensateurs externes est lui-même traversé par ce courant alternatif de très haute tension. En effet, si l'on met en communication avec le sol la chaîne de l'armature externe d'un des condensateurs, pendant que la chaîne de l'autre condensateur est rattachée à une électrode terminée par des pointes, on voit, dans l'obscurité, en approchant ces pointes du corps humain non isolé, un effluve violet puissant s'échapper bruyamment de l'électrode.

On obtient le maximum d'effluve en écartant les boules polaires, mais il est indispensable d'avoir une série ininterrompue d'étincelles.

Un trop grand rapprochement des boules polaires entraîne, en même temps qu'une augmentation de la fréquence des oscillations, une diminution de la tension et la disparition des effluves.

Si, au lieu du disque à effluves, on se sert d'une électrode à manchon de verre, on voit jaillir entre le tube métallique et la peau, à travers le verre, une foule de petites étincelles très fines. Avéc des étincelles de 7 centimètres, on voit, au bout de trois minutes, survenir un érythème indolore qui dure plusieurs heures, en même temps que la région sent fortement l'ozone.

Nous verrons tout le parti qu'on peut tirer de ces courants statiques induits pour le traitement des affections gynécologiques et des dermatoses.

Le Dr Albert-Weil a encore indiqué à la Société de médecine de Paris, le 28 janvier 1899, que les propriétés du courant développé dans la chaîne du condensateur suspendu au pôle négatif, alors que la chaîne de l'autre est au sol, sont dissemblables de celles du courant positif.

La pointe d'un excitateur donnant l'effluve positif quand la machine est en marche est le sommet d'un petit cône bleu à aigrettes minces et courtes.

L'effluve du courant négatif fourni par une électrode à plusieurs pointes dirigée vers le sujet s'échappe bruyamment avec une coloration violette et des aigrettes en faisceau, longues et divergentes.

Les étincelles provenant de la chaîne positive sont beaucoup plus douloureuses que les négatives. Il en est de même des contractions musculaires.

Pour graduer les courants statiques induits et en permettre l'emploi à une certaine distance des appareils producteurs, il y a avantage à se servir du rhéostat que le Dr Albert-Weil a présenté à la Société française d'électrothérapie le 18 mai 1899 et qu'on relie à la chaîne de l'armature externe du condensateur suspendu au pôle négatif. Laissons à l'inventeur le soin d'en faire la description :

« Ce rhéostat agit comme tous les rhéostats, par l'introduction d'une grande résistance dans le circuit, résistance qui se trouve constituée par une épaisseur variable d'air et par une lame de verre. Il utilise la propagation autour d'un conducteur à pointes multiples relié à l'armature externe du condensateur suspendu au pôle négatif, d'ondes électriques sous forme d'effluves touffus et divergents.

« Il se compose d'un disque métallique vertical de 8 centimètres 1/2 de diamètre muni de pointes métalliques dirigées horizontalement. Ce disque est fixé à l'extrémité d'une tige métallique de 6 centimètres 1/2, attachée à angle droit sur une pièce métallique qui emboîte l'extrémité supérieure d'une colonne de verre pleine. Cette virole porte un crochet où l'on peut fixer la chaîne qui va à l'armature externe du condensateur suspendu au pôle négatif ; ce disque et cette colonne sont mobiles sur une planchette de bois.

« Sur cette planchette est fixée une autre colonne de verre de même hauteur que la précédente : cette colonne de verre porte à son extrémité supérieure une fourche métallique sur laquelle vient se placer le bouton d'une cloche de verre de 20 centimètres de diamètre, 10 de profondeur, recouverte extérieurement de papier d'étain jusqu'à un centimètre de sa circonférence limite. La fourche métallique est munie d'un crochet où l'on attache la chaîne reliée à l'électrode placée sur le patient ou auprès de ses téguments.

« La cloche et le disque à pointes sont dirigés l'un avec l'autre et sont parfaitement centrés. La colonne mobile peut se mouvoir en face de la colonne fixe, grâce à un pignon et à une roue à crémaillère, de telle sorte que le disque à pointes peut pénétrer dans la cloche au point que ses pointes en touchent le fond, et peut être éloigné à l'autre extrémité de la tablette.

« La colonne mobile, de plus, est munie à sa base d'un style qui se déplace sur une graduation. Le zéro de cette graduation correspond au point de la réglette métallique qui se trouve en face du style, quand la colonne mobile est assez rapprochée de la colonne fixe pour que ses pointes en touchent le fond. A partir de ce zéro, en s'éloignant de la colonne fixe, la réglette métallique est graduée de centimètre en centimètre. (Dr E. Albert-Weil, *Guide pratique d'électrothérapie gynécologique*, p. 126, 127, 128.)

D'une façon générale, ce rhéostat peut être employé avec les machines de Bonetti à

plusieurs plateaux, à plus forte raison avec
la machine à grande surface dont les étincelles ont une très grande puissance et qui
n'est pas susceptible de s'inverser pendant
la marche.

Le même auteur, qui a fait faire un pas
énorme aux applications des courants hert-
ziens, a également imaginé une électrode
qui lui permet d'employer la franklinisation
statique induite aussi bien dans le vagin que
sur le col et dans l'utérus, et dont nous verrons l'utilité pratique en gynécologie.

Cet excitateur se compose d'une tige
d'ébonite traversée par le fil conducteur et
graduée depuis l'extrémité où l'on fixe le fil
qui amène le courant, de demi-centimètre
en demi-centimètre. A l'autre extrémité se
trouve un pas de vis sur lequel on peut visser l'électrode active qui peut être, selon les
indications, un petit disque à pointes, une
boule, un disque de cuivre recouvert de
verre, un hystéromètre de cuivre à manchon
de verre, ou enfin un tube de cuivre à manchon de verre.

Sur la tige d'ébonite glisse à frottement
doux un tube de verre épais qu'on peut faire
affleurer à l'extrémité du disque à pointes,

par exemple, si c'est lui qu'on a fixé à la tige d'ébonite ; l'extrémité opposée se trouve alors au zéro de la graduation. Si on attire à soi le manchon d'ébonite, le disque à pointes remonte dans le manchon de verre et la graduation indique sa distance par rapport à l'extrémité libre de ce manchon.

Le diamètre total de l'instrument étant inférieur à celui d'un spéculum moyen, on peut agir directement sur le col et la muqueuse utérine avec cette électrode.

CHAPITRE II

1. — Valeur pratique et action physiologique de la franklinisation.

En 1892, le Professeur Damian a fait paraître sur l'action physiologique de l'électricité statique un important travail où il s'occupe spécialement de la composition de l'urine. Il indique d'abord l'influence du courant franklinien sur les fonctions principales de l'organisme. Il constate, ainsi que l'avait fait notre savant confrère le Dr Romain Vigouroux, que le bain électro-statique élève la température du corps de quelques dixièmes de degré. Puis il démontre que l'élimination est activée par les reins grâce à l'emploi des différentes formes de l'électrisation statique et il souligne ce fait particulièrement remarquable que l'augmentation de l'urée et des phosphates produite par la franklinisation persiste indéfiniment après la suppression du traitement électrique.

Mais ces heureux résultats ne sont obtenus qu'avec des séances assez espacées. Ces dernières améliorent manifestement les combustions organiques en augmentant la proportion d'urée par rapport à l'azote total, tandis que des applications trop fréquemment renouvelées font dépasser le but et diminuent l'urée en augmentant la proportion des autres composés azotés. Par une série d'observations faites sur lui-même et rapportées par le Dr Bordier, M. Yvon a démontré ce fait qui prouve que la franklinisation doit être appliquée avec circonspection et avec connaissance de cause.

En 1892, à la Société de Biologie, M. le D^r d'Arsonval a fait connaître que la quantité d'acide carbonique expiré augmente notablement sous l'influence de la franklinisation, et comme il se servait d'animaux pour ses expériences, la suggestion ne saurait entrer en ligne de compte.

L'*étincelle statique* appliquée sur la peau produit des phénomènes vaso-moteurs qui permettent de comprendre le mécanisme de l'action thérapeutique des étincelles. Cette étude a fait le sujet de recherches dont le Dr Bordier a rendu compte à l'Académie des sciences en avril 1895. Dans toutes ses expériences, les actions vaso-motrices se sont montrées plus importantes avec l'étincelle positive. La peau, pâle au début, rougit ensuite. En somme, il y a d'abord une vaso-constriction, bientôt suivie par une vaso-dilatation.

L'étincelle produit encore des contractions musculaires qu'on utilise de plus en plus pour l'électro-diagnostic ou pour le traitement de certaines affections et qui se manifestent quand on l'applique sur les points moteurs des nerfs moteurs et des muscles. La longueur de ces contractions est proportionnelle au carré de la longueur des étincelles; elles sont plus vigoureuses avec l'étincelle négative qui paraît provoquer un léger tétanos du muscle, ce que ne produit pas l'étincelle positive.

La contraction musculaire est plus énergique avec un excitateur immédiat, mais la sensation est moins douloureuse avec un excitateur médiat. On peut, avec l'étincelle, provoquer la contraction des muscles en électrisant même à travers des vêtements épais. Par ce procédé, on peut localiser l'excitation à un muscle sans agir sur

les muscles voisins, et il n'est pas rare
de voir répondre à la décharge statique
des muscles complètement insensibles aux
autres modes de courants.

Le *souffle électrique* possède une action
sédative évidente, qu'on peut utiliser avec
profit dans le traitement de la migraine ou
de certaines manifestations douloureuses de
la neurasthénie. Le souffle négatif produit
un abaissement de la température locale de
la peau plus grand que le positif. Cet abaissement du thermomètre persiste un certain
temps après la séance, et la région soumise
au souffle conserve pendant des heures entières l'odeur d'ozone. Nous verrons le parti
qu'on peut tirer de ces indications pour
le traitement de certaines affections cutanées.

Le *bain électro-statique* a une action manifeste même chez les sujets sains.

Il agit sur la nutrition en activant les
échanges et l'intensité des combustions organiques.

Sous son influence, le pouls devient plus
fréquent, il peut être accru de 20 %. La
tension artérielle est augmentée : tous les
expérimentateurs sont d'accord à ce sujet.

Bordier relate une expérience faite par Charcot et qui démontre nettement l'influence du bain sur cette tension : un homme avait été saigné, l'écoulement sanguin était arrêté ; on soumit le sujet au bain statique et le sang recommença à couler.

Comme nous l'avons déjà vu, la température centrale est légèrement augmentée. La force dynamométrique elle-même serait influencée, et M. Truchot a constaté sur lui-même que la force de flexion de la main droite était, après le bain, supérieure de 2 kilogrammes à la valeur prise avant.

Nous avons vu que M. d'Arsonval avait constaté l'augmentation des combustions respiratoires. Il a trouvé aussi que, sous l'influence des bains statiques, la capacité respiratoire du sang augmente d'un huitième à un sixième.

L'élévation de la température du corps, l'accélération du pouls et l'augmentation des combustions respiratoires ont pour effet assez fréquent de rendre les sujets moins sensibles au froid extérieur. J'ai constaté ce résultat chez un grand nombre de malades qui m'ont déclaré pouvoir se contenter, en hiver, d'une seule couverture ou de vêtements moins lourds, après avoir subi une série de bains électro-statiques pour des affections de diverse nature.

Chez les quatre cinquièmes des malades que j'ai soumis au bain statique, j'ai rencontré l'hypersécrétion sudorale. Chez les sujets les plus impressionnables, on voit apparaître les gouttes de sueur au front, mais le plus souvent dans la paume des mains.

Enfin, les fonctions digestives sont excitées et l'appétit tellement augmenté, qu'à différentes reprises j'ai vu des malades éprouver une faim impérieuse en descendant du tabouret d'isolement.

Les expériences de Berthelot nous ont appris l'action de l'électricité statique sur la cellule végétale et la germination. D'autre part, nous avons tous éprouvé, par les temps d'orage, des malaises proportionnés à notre degré de nervosisme. Par le temps d'orage également, le germe embryonnaire remfermé dans l'œuf peut être tué ; la vitalité des colonies bacillaires augmente et l'on voit aigrir le lait, le bouillon, ainsi que tous les liquides fermentescibles.

La vie protoplasmique des êtres inférieurs

monocellulaires est influencée par l'électricité : or, l'organisme humain est constitué
par un agrégat de cellules dont le travail
collectif est subordonné à l'état de chaque
unité. On comprendra dès lors qu'en nous
soumettant au potentiel d'une machine
électro-statique, nous .provoquerons une
modification dans le travail chimique intra-
cellulaire et nous augmenterons l'intensité
de notre influx nerveux.

La théorie du neurone est venue jeter sur
la physiologie de l'électrogenèse animale
un nouveau jour. A la lumière des récentes
découvertes en histologie, l'argument principal des savants qui se refusent à considérer l'énergie nerveuse et l'énergie électrique
comme deux modalités identiques, tombe
sans rémission. Le conducteur métallique
qui ferme un circuit électrique doit être
continu, et la plus légère solution de conti-
nuité suffit à interrompre le courant. Or, il
est prouvé aujourd'hui que le conducteur
de l'énergie vitale, que le nerf n'est pas
continu, qu'il se compose de plusieurs seg-
ments qui représentent justement les neurones et que les conducteurs centripètes, en
particulier, sont composés d'un nombre

de neurones plus considérable que les conducteurs centrifuges. D'où le retard apporté
à la propagation de l'énergie nerveuse, surtout de la périphérie aux centres. Ce retard
se conçoit aisément par ce fait que les pro-
longements de chaque neurone n'ont entre
eux aucun rapport de contiguïté, mais bien
seulement des rapports de contact essentiellement contingents. Or, le rapprochement
de leurs extrémités unissantes est soumis,
quant à sa vitesse, quant à ses proportions,
quant à sa durée, à une foule de causes
plus ou moins obscures, mais qui toutes,
ou peu s'en faut, doivent se rapporter au
phénomène d'excitation. Suivant leur point
d'incidence, suivant la rapidité avec laquelle
s'effectue leur rapprochement, suivant la
conductibilité propre à chaque neurone variable probablement avec chaque individua-
lité, la propagation de l'énergie nerveuse se
fera plus ou moins complète, plus ou moins
instantanée, plus ou moins prolongée. De
plus, le neurone ne constitue pas un simple
rhéophore, un conducteur adapté uniquement
à la transmission du courant nerveux ; il assi-
mile l'excitation reçue ; il la transmet au
neurone voisin, affaiblie ou accrue suivant

qu'il en a retenu une partie ou qu'il lui livre ses propres réserves. C'est ainsi qu'il convient d'expliquer le phénomène de sommation des excitations, la boule de neige, comme disent les physiologistes (Guimbail).

Le principal effet de la tension statique lorsque le sujet est isolé est une tendance à la déformation des éléments anatomiques dont les molécules font un effort pour se déplacer dans le sens des lignes de force. Des phénomènes électro-capillaires se manifestent à toutes les surfaces de séparation.

On comprendra que, dans ces conditions, l'électrisation statique ait une action puissante sur la nutrition, en imprimant aux échanges intercellulaires et aux oxydations la plus grande activité. Elle est d'ailleurs aidée en ceci par le dégagement d'ozone qui l'accompagne et qui agit dans le même sens.

Il n'est pas sans intérêt de dire ici quelques mots du *tube cohéreur de Branly* où les Drs Guimbail et Guérin ont vu, avant moi, une explication aux résultats obtenus par l'électricité statique dans le traitement des névroses.

Le tube de Branly, véritable point de dé-

part et organe fondamental de la télégraphie
sans fils, n'est autre chose qu'un tube rempli
de limailles métalliques.

Si on intercale un de ces tubes dans le
circuit d'une pile électrique reliée à un gal-
vanomètre, le courant ne passe pas ; mais,
si on place le tube dans un champ électro-
statique, la limaille devient conductrice et
le courant passe ; mais le moindre choc suffit
à supprimer cette conductibilité.

Cette découverte, si féconde en applications
pratiques, vient jeter la plus vive lumière
sur quelques-uns des problèmes les plus
complexes de la pathologie, surtout en ce
qui concerne la neurasthénie, les anesthésies et les paralysies.

Nous avons en effet vu tout à l'heure que
notre système nerveux est constitué par des
neurones, éléments contigus les uns aux
autres comme les grains de limaille dans le
tube de Branly.

Cette comparaison nous donne la clef de
la guérison des paralysies hystériques par
l'électricité statique. Elle nous explique
pourquoi une violente émotion, une contrariété, un accident, en un mot, un choc physique ou moral, produira les états morbides

dus à la non-conductibilité du neurone : paralysies, anesthésies, etc.

Ainsi se trouvent clairement interprétés la plupart des phénomènes produits dans l'organisme par la franklinisation.

Guimbail, voulant rechercher si, malgré la résistance de l'enveloppe cutanée, l'électricité agit sur les parties profondes d'un sujet placé sur le tabouret d'isolement, a fait construire une série de jarres de Leyde en verre dont l'armature intérieure est remplacée par une bobine sur laquelle est enroulé un fil de bronze soigneusement isolé et parcouru par un courant. Les jarres étaient remplies de liquides différents pour chacune d'elles : huile, glycérine, eau distillée, eau salée à 10 0/00. Il a mis en rapport l'armature externe de chaque jarre avec l'un des pôles de la machine statique, et lisant sur des appareils de mesure très sensibles la variation du courant qui se produisait dans le circuit de l'armature interne, il a constaté que l'induction est très faible avec l'huile, intermédiaire avec la glycérine, l'eau salée a fourni le maximum de courant.

Il considère ces expériences comme l'une des preuves fondamentales de l'action du

courant franklinien sur les profondeurs de
l'organisme. Il est évident, en effet, que si
une masse métallique parcourue par un
courant et placée au centre d'un condensateur dont elle représente l'armature interne
est nettement induite par la charge extérieure, le corps humain placé dans des conditions identiques sera soumis à la même
influence.

2. — Courants de Morton
ou Franklinisation hertzienne.

La franklinisation hertzienne augmente
dans de notables proportions les échanges
nutritifs, mais elle a surtout pour caractère
dominant de donner naissance à une énergique contraction musculaire. Cette contraction est d'une profondeur très caractéristique, aussi cette électrisation est-elle le
procédé de choix quand on veut agir sur les
organes internes, estomac ou intestin, sans
introduire d'électrode à l'intérieur même de
ces organes.

Pour obtenir le maximum d'excitation, il
faut recourir à l'armature externe du condensateur suspendu au pôle positif de la

machine. Cette armature est chargée négativement.

En toute circonstance, l'excitation négative est la plus forte, et cette notion ne devra pas être perdue de vue pour le traitement des constipations opiniâtres.

Pour notre éminent confrère le Dr Albert-Weil, fondateur du journal de *Physiothérapie*, les courants statiques induits ont une action analogue à celle des courants de haute fréquence, mais ils possèdent sur ces derniers l'avantage d'avoir en plus une action motrice qui leur permet d'opérer un véritable massage profond.

« L'effluvation ou les étincelles produisent elles-mêmes une trémulation de la région traitée ; elles déterminent en plus des phénomènes vaso-moteurs, analgésiants et révulsifs ; elles ont pour conséquences : une rougeur de la partie qui leur a été soumise, une modification des sécrétions pathologiques suivie bientôt de leur arrêt, en même temps qu'une sédation des phénomènes réactionnels sensitifs dont l'affection est la cause. » (Albert-Weil, *loc. cit.*, p. 131.)

En somme, il semble que les courants de Morton qui tiennent à la fois de la faradisa-

tion et du courant alternatif à haute fréquence et à décharges oscillantes sont appe-
lés à rendre des services considérables en
électrothérapie. Le médecin peut, avec cette
modalité électrique, agir de l'extérieur sur
les organes les moins accessibles et apporter
ainsi les plus heureuses modifications à des
états pathologiques réfractaires aux moyens
ordinaires.

3. — Electro-diagnostic.

Il y a grand intérêt pour le médecin à
emprunter à l'énergie électrique des procédés d'investigation qui lui permettent de
porter un diagnostic précis et d'éclairer le
pronostic dans certains états pathologiques
complexes et mal définis.

D'une façon générale, toute réaction musculaire ou nerveuse qui échappe aux réactions physiologiques que nous connaissons
peut et doit être considérée comme pathologique.

En pareil cas, il est indispensable de localiser l'action électrique sur le point en litige
en évitant d'exciter les parties voisines. La
franklinisation présente à ce point de vue

spécial une incontestable supériorité sur les autres méthodes en permettant de se rendre compte de *l'excitabilité électro-statique.*

Pour procéder à cet examen, on fera usage de l'*excitateur médiat du professeur Bergonié* que nous avons décrit. On appliquera l'extrémité terminale de cet excitateur sur le point moteur du nerf ou du muscle que l'on veut explorer, les boules étant en contact ; en augmentant peu à peu la distance de ces boules, on obtiendra des étincelles de plus en plus longues ; dès qu'une contraction apparaîtra, on mesurera l'éloignement des boules, puis on renversera le courant et on recommencera la même opération avec le pôle de nom contraire. Il sera ainsi facile de savoir si la contraction est plus forte avec le négatif qu'avec le positif et à quelle longueur minima d'étincelle a lieu la première contraction.

On a remarqué que, dans divers états pathologiques, l'organisme présentait tantôt plus, tantôt moins de résistance qu'à l'état normal au courant franklinien.

Le Dr R. Vigouroux a signalé le premier que, dans le *goitre exophtalmique* la résistance électrique de la peau du sujet était sensiblement diminuée. Il attribue ce phénomène à un état particulier du système vaso-moteur. La diminution n'est pas seulement localisée à la région thyroïdienne, mais elle s'étend à toute la surface du corps.

J'ai, pour ma part, constaté cette diminution de résistance dans deux cas de goitre exophtalmique, mais je l'ai attribuée d'emblée à la sueur profuse dont était constamment humectée la surface cutanée de ces malades et par analogie avec ce que j'ai rencontré chez certains hyperhydriques ne présentant pas la moindre trace de maladie de Basedow. D'ailleurs, Rosenthal (de Fribourg) et un certain nombre d'autres auteurs ont été avant moi de cet avis.

M. Vigouroux a démontré le premier en 1879 que, dans l'*hystérie*, la résistance électrique est augmentée. Charcot a confirmé ces résultats.

On observe le même phénomène dans l'épilepsie, la mélancolie, les affections unilatérales du système nerveux, la paralysie infantile et la sclérodermie.

Dans ces quatre dernières affections, la

résistance maxima se rencontre aux régions malades ; elle semble être accrue par l'abaissement de température locale dû à l'état pathologique.

CHAPITRE III

DE L'OZONE

Un certain nombre de résultats favorables obtenus par l'électrothérapie franklinienne m'ont semblé reconnaître en partie comme facteur l'ozone produit par la marche de la machine à grande surface. Je dirai même que certaines guérisons s'expliquaient assez mal avec la seule électricité statique. Dans certaines dermatoses, dans certaines affections des voies respiratoires, notamment dans la coqueluche, dans la chloro-anémie, j'ai reconnu le génie bienfaisant de ce gaz dont je crois indispensable de dire ici quelques mots, tant je demeure convaincu de son action propre et toute spéciale synergique au pouvoir reconnu du courant franklinien.

Certains auteurs prétendent que la production de l'ozone par la machine statique est illusoire. Il est vrai que tous ont eu en vue des appareils d'une puissance relative autant qu'irrégulière. J'en obtiens, pour ma part, dans la pièce où fonctionne ma machine, une quantité telle que l'odorat en est vivement impressionné. J'ai pu, à l'aide du papier ioduré amidonné, produire dans les coins les plus reculés de mon cabinet la réaction caractéristique d'une quasi-saturation de l'air de cette pièce après cinq minutes de rotation des plateaux.

Une atmosphère ainsi chargée d'ozone ne saurait être indifférente pour les organismes vivants qui y sont plongés.

Dans sa thèse soutenue le 20 décembre 1900, thèse à laquelle nous ferons de nombreux emprunts, le Dr Caratzalis indique comme effets de l'action de l'ozone sur l'organisme l'oxydation du sang, l'accélération des échanges nutritifs, l'augmentation du nombre des globules rouges, la diminution du nombre des globules blancs, enfin ses propriétés bactéricides.

Il insiste tout particulièrement sur la tuberculose et l'anémie, parce que ces deux maladies sont, de toutes, celles qui ont tiré de l'action de l'ozone le bénéfice le plus considérable.

Nous verrons plus loin que le Dr Vigouroux reconnaît à l'électricité statique une action nocive chez les tuberculeux. Pour ma part, j'ai constaté les mêmes résultats dans les formes rapides de la maladie; mais je dois déclarer que, dans certaines formes torpides, apyrétiques, j'ai obtenu des améliorations. Quoi qu'il en soit, l'aérothérapie forme la base du traitement de cette affection, et il est vraisemblable que l'air des stations d'altitudes agit surtout par l'ozone qu'il contient. Cette opinion est corroborée par les expériences de laboratoire. Il est démontré que l'ozone arrête le développement des cultures de bacilles de Koch sur milieux liquides. Ce fait a une importance considérable. Il suffit en effet d'entraver l'évolution d'un germe pour armer l'organisme et le mettre en état de résister à celui-ci.

Dans l'anémie, les effets de l'ozone sont pour ainsi dire immédiats. A la suite d'une seule inhalation, la quantité d'oxyhémoglobine augmente sensiblement chez le malade. Le nombre des globules rouges s'élève d'une façon constante, progressive.

1. — Historique.

C'est le chimiste hollandais Van Marum qui, en 1783, remarqua le premier une odeur très forte qu'il appela *l'odeur de la matière électrique*, en faisant passer des étincelles électriques à travers un tube fermé rempli d'oxygène.

En 1840, Schönbein, de Bâle, trouva une odeur caractéristique à l'oxygène provenant de la décomposition de l'eau par la pile. Il proposa de l'appeler Ozone (de ὄζειν, sentir). Ce même chimiste constata que l'oxygène ainsi modifié par l'électricité décomposait l'iodure de potassium en mettant l'iode en liberté.

De la Rive et Marignac, chimistes genevois, obtinrent de l'ozone en 1845 en faisant éclater des étincelles électriques dans de l'oxygène pur et ils considérèrent le gaz ainsi obtenu comme étant un *état allotropique* de l'oxygène. Cette opinion est, aujourd'hui, généralement admise et corroborée par les expériences de Frémy et Becquerel qui, en 1853, proposèrent pour l'Ozone le nom d'*oxygène électrisé*.

2. — Étude chimique.

Propriétés physiques. — L'ozone est incolore sous un petit volume et présente sous une certaine épaisseur une coloration bleue.

Son odeur *sui generis* rappelle un peu celle que fournit l'oxydation lente du phosphore. On a comparé sa saveur à celle du homard.

Soluble dans l'essence de térébenthine et l'essence de cannelle, il est insoluble dans l'eau.

Il est plus facile à liquéfier que l'oxygène et moins que l'acide carbonique;

Sa densité est de 1,658.

La molécule d'ozone représente trois atomes d'oxygène. On peut le représenter par la formule O^3.

Propriétés chimiques. — L'ozone a une action oxydante plus énergique que celle de l'oxygène. A la température ambiante, il oxyde l'iode, le fer, le zinc, le mercure, l'argent; il suroxyde certains acides tels que l'acide sulfureux dont il fait de l'acide sulfurique et l'acide nitreux qu'il transforme en acide nitrique.

En contact avec l'iodure de potassium en

solution aqueuse, il se combine avec le potassium pour former de la potasse et met l'iode en liberté. Cette réaction se traduit par la formule :

$$2\,KI + O^3 + H.OH = 2\,KOH + I^2 + O^2.$$

C'est cette propriété qu'on utilise pour reconnaître la présence de l'ozone dans l'air.

3. — Propriétés antiseptiques de l'ozone.

Schönbein, dont l'expérience est un peu primitive et indique une ignorance bien excusable des notions microbiologiques, plaça un morceau de viande putréfiée dans un vase contenant de l'air fortement ozonisé ; il constata la disparition de la mauvaise odeur pendant toute la durée de l'expérience, c'est-à-dire jusqu'à l'épuisement de la provision d'ozone.

Vers la même époque, Clémens, ayant puisé de l'eau croupie dans un marais infect, y plongea des grenouilles qui ne survécurent qu'une heure. Il fit alors passer un courant d'air ozonisé dans la même eau où d'autres grenouilles n'éprouvèrent aucun malaise apparent.

En 1856, Scoutteten plaça dans un bocal de 5 litres plein d'air ozonisé un morceau de viande en décomposition ; au bout d'une minute, l'odeur infecte de cette viande avait totalement disparu. Remise à l'air libre, cette viande subissait à nouveau son travail de décomposition, et il suffisait de la replacer dans le bocal pour la rendre inodore.

Le même expérimentateur fit mettre dans une salle de l'hôpital de Metz du fumier dont l'odeur insupportable imprégna cette salle en moins de deux jours. Il y fit passer un courant d'air ozonisé, l'odeur du fumier disparut aussitôt.

En faisant passer de l'air ozonisé sur du sang de bœuf en pleine décomposition, Richardson constata que l'aspect, la consistance et l'odeur du caillot étaient profondément modifiés. Il proposa d'utiliser cette propriété pour la conservation de la viande de boucherie.

Nous arrivons maintenant à une période où, grâce à la microbiologie, l'action de l'ozone sur les bacilles va pouvoir être étudiée.

A l'aide de tampons d'ouate imprégnés de poussières en suspension dans l'air et mis en contact avec la levure de bière dans des flacons stérilisés après avoir été traversés par un courant d'air ozonisé, Chappuis arrive à cette conclusion que : « tous les germes en suspension dans l'air capables de se développer dans la levure de bière, sont tués par l'ozone ».

En 1893 Ohlmuller, Christmas, en 1894 William Morton et Park arrivèrent à des conclusions contradictoires : les premiers déniant à l'ozone toute action bactéricide, tandis que les derniers considèrent cette action comme absolument démontrée.

Les expériences de Morton et Park sont pleinement confirmées par les recherches de M. Oudin. Ce dernier fait remarquer que les divergences d'opinions des bactériologues sur cette question s'expliquent aisément si l'on veut se rappeler quelques-unes des propriétés chimiques de l'ozone; nous savons en effet :

1° Que l'ozone oxyde, en se détruisant, toutes les substances avec lesquelles il se trouve en contact;

2° Qu'il est relativement très peu soluble dans l'eau ;

3° Qu'il coagule les matières albuminoïdes et est presque complètement insoluble dans ce coagulum.

4. — Action physiologique
de l'ozone.

Action de l'ozone sur la muqueuse respiratoire.—La plupart des observateurs primitifs ont attribué à l'ozone des propriétés irritantes. Schönbein (1840), Scoutteten (1856) en éprouvèrent sur eux-mêmes les effets qu'ils comparèrent à l'irritation produite par un accès d'asthme.

Schwarzenbach, Bœckel soumirent des animaux à l'action d'un air fortement ozonisé ; ils virent ainsi des chiens, des chats, des lapins, des cobayes mourir rapidement avec de la dyspnée, des convulsions, de la somnolence, du refroidissement.

Ces accidents étaient dus à ce qu'on enfermait les sujets sous des cloches ou dans des boîtes bien closes où l'on faisait agir l'air sur le phosphore pour produire l'ozone.

C'est alors que Desplats prépara l'ozone par l'étincelle électrique ou par l'électrolyse de l'eau. Aussi Ireland d'Edimbourg reconnut-il en 1863 que, loin d'être toxique, l'ozone a, au contraire, une action salutaire sur la circulation, la respiration et le système nerveux.

Le Dr Labbé fit usage d'ozone produit par les effluves électriques. Il plaça les animaux en observation dans des caisses munies de deux ouvertures situées près du couvercle dont l'une laissait arriver le gaz et l'autre munie d'une soupape à mouvement extérieur, permettait l'échappement de l'air d'expiration. Il put ainsi laisser très longtemps des lapins et des cobayes dans un air très chargé d'ozone sans leur faire éprouver la moindre indisposition.

Action de l'ozone sur le sang. — Si l'on veut, en observant l'effet de l'ozone sur le sang, obtenir des résultats constants, il est indispensable de se placer dans des conditions déterminées qui ont été ainsi formulées par M. Labbé :

1° L'ozone doit être pur, exempt de produits nitreux et phosphorés;

2° La dose ne doit pas dépasser un dixième de milligramme par litre d'air;

3° Son inhalation doit se faire à l'air libre et non pas dans des espaces clos ou dans des cloches ou appareils hermétiquement fermés;

4° Enfin, la durée de chaque inhalation ne doit pas dépasser quinze à vingt minutes, mais peut être répétée plusieurs fois par jour et toujours autant que possible avant le repas.

Le Dr Labbé a démontré que, chez les sujets ayant un taux d'oxyhémoglobine inférieur à la normale (14 % chez l'homme et 13 % chez la femme), l'action de l'ozone est d'accroître constamment ce taux jusqu'à ce que l'équilibre physiologique soit rétabli.

Chez les malades soumis aux inhalations d'air ozoné, le nombre des globules rouges va toujours en augmentant. Cette augmentation est d'autant plus rapide et plus appréciable que l'état d'anémie du sujet est plus accentué.

Le nombre des globules blancs diminue au contraire très vite sous l'action de l'ozone.

Action de l'ozone sur la nutrition. — MM. Labbé et Lagrange ont observé qu'il se produit, après les inhalations d'ozone, une légère augmentation de la tension artérielle et du nombre des pulsations.

La quantité d'urée augmente dans les urines des malades soumis aux inhalations d'ozone.

« L'ozone, dit M. Labbé, en rendant les oxydations plus énergiques, les combustions plus actives, nécessite un renouvellement

des matériaux nutritifs, d'où très vive augmentation de l'appétit qui prend même chez
certains sujets des exigences inconnues jusqu'alors. Cette augmentation de l'appétit se
traduit au bout de peu de temps par un ac-
croissement de poids plus ou moins notable
et variable suivant les sujets. »

En lisant cette citation, n'est-on pas frappé
par l'analogie d'action de l'ozone et de l'électricité statique sur la nutrition? La vertu
concomitante de ces deux éléments, ayant les
mêmes propriétés thérapeutiques, ne saurait
être niée quand on opère dans un milieu où
les deux interviennent ensemble, et je ne
suis pas éloigné de penser qu'à côté de la
valeur curative du débit considérable que
donne la machine à grande surface, le vaste
ozoneur que devient celle-ci en pleine activité a sa large part d'influence sur les résultats obtenus.

CHAPITRE IV

L'importance thérapeutique de la franklinisation devient manifeste en présence de
cette vérité établie par Ch. Robin et démontrée plus tard par Bouchard, que *la maladie
n'est en définitive qu'un trouble de la nutrition*. De même qu'elle a pour fonction d'entretenir le mouvement nutritif dans l'état de
santé, de même au cours des maladies chroniques, elle arrive à lui donner une intensité
suffisante pour le ramener à son taux normal. La conscience que nous avons d'être en
état de santé ou de maladie est apportée à
notre cerveau, centre de perception vague
des modalités diverses du mouvement nutritif, réflétant l'état de santé ou de maladie,
par tous les éléments cellulaires de notre
organisme, associés en fédération pour un
travail en commun, mais possédant chacun
leur vie propre et autonome. Qu'il s'agisse

d'absorption d'éléments azotés ou minéraux, que la proportion des uns et des autres varie, que, par insuffisance d'alimentation, leur quantité absolue soit inférieure au nécessaire, peu importe, tout dépend de leur élaboration. Des individus mal nourris fournissent une longue carrière de travail et un excellent état de santé si le mouvement vital est vigoureux, si la santé de la cellule est en parfait équilibre. Nous possédons des centres nerveux trophiques comme des centres nerveux calorifiques, jouant les uns et les autres le rôle fondamental de régulateur. Au fur et à mesure des besoins de l'économie, les phénomènes provocateurs du potentiel calorique sont ralentis ou exacerbés suivant les nécessités du maintien uniforme de ce calorique. De même les phénomènes nutritifs, les échanges protoplasmiques sont activés ou retardés suivant les besoins. Mais, avant tout, ce pouvoir régulateur doit exister : il est l'essence et l'aboutissant de tout travail nutritif. La franklinisation est, de tous les agents physiques, le plus puissant à entretenir ce pouvoir régulateur lorsqu'il existe, à le redresser lorsqu'il est troublé, à le rétablir lorsqu'il est disparu.

Chez l'enfant lui-même, on sera d'autant plus autorisé à recourir à l'électricité statique pour assurer sa nutrition que, par suite de la rapide prolifération cellulaire qui s'opère pendant le développement, il se produit chez lui une exagération nutritive portant sur tous les éléments anatomiques. Si le taux de sa nutrition s'abaisse, c'est qu'il manque d'excitation protoplasmique.

Nous avons vu que, sous l'influence du bain électro-statique, la tension artérielle est augmentée. Comme corollaire de cette augmentation de tension, le malade se réchauffe, sa circulation s'accélère, son appétit augmente, la constipation cède, la diurèse s'accroît, les fonctions de la peau s'améliorent, les sécrétions deviennent plus abondantes, le taux de la nutrition se relève, le sommeil revient, l'anémie se dissipe, la quantité d'hémoglobine augmente, la durée de réduction de l'oxyhémoglobine est moins longue, l'obésité s'atténue, le taux de l'urée s'élève, etc. L'électricité statique constitue donc, dans une foule de cas, un traitement de choix dont le médecin désormais n'a plus le droit de priver son malade (Guimbail).

« D'une façon générale, dit le Dr Larat,

l'électricité statique est un moyen commode d'application électrothérapique.

« Elle a l'avantage de permettre au patient de conserver ses vêtements, et par sa diffusion instantanée à travers tout l'organisme, par sa localisation facile au moyen de différents excitateurs, enfin par sa réelle efficacité, elle mérite d'occuper en thérapeutique une large part. Elle se trouve indiquée chaque fois qu'on s'adresse à un état général névropathique, quelle qu'en soit l'origine ; et, comme la plupart des maladies qui ont recours à la thérapeutique électrique proviennent de troubles nerveux généraux ou en sont la cause, tels les accidents du rhumatisme, de la goutte, des douleurs névralgiques, etc., il y a très souvent lieu d'employer ce mode de traitement... »

Quels sont les cas dans lesquels la franklinisation est indiquée ? J'ai longtemps hésité avant d'adopter un plan pour cette partie de mon travail. J'avais d'abord pensé à ranger par ordre alphabétique les différentes affections justiciables de l'électricité statique. Cette manière de faire aurait facilité les recherches. J'aurais pu également grouper les cas susceptibles d'être modifiés par chacun des moyens dont nous disposons, je m'exposais ainsi à faire voisiner les états pathologiques les plus disparates; j'ai pensé, en fin de compte, qu'il était plus pratique et plus scientifique à la fois de passer successivement en revue les maladies de chaque appareil ou système et je me suis arrêté au plan qu'on trouvera ci-après.

Si je n'ai pas examiné en détail chacune des affections énumérées dans ce plan, c'est que j'ai tenu à m'étendre surtout sur les cas qu'on rencontre le plus fréquemment. Il m'a semblé que les résultats obtenus jusqu'ici permettaient de concevoir les plus légitimes espérances en ce qui concerne l'intervention curative de l'électricité franklinienne dans une foule d'autres formes morbides.

1. — Maladies de la nutrition.

Diabète. — Goutte. — Migraine. — Obésité. — Rhumatisme subaigu. — Rhumatisme chronique.

2. — Maladies du système nerveux.

a) *Névroses.* — Chorée ou danse de Saint-Guy. — Crampes fonctionnelles. — Hystérie. — Hystéro-épilepsie. — Tics nerveux. — Neurasthénie. — Somnambulisme.

b) *Système cérébro-spinal.* — Hémiplégie cérébrale. — Paralysie agitante. — Tabès. — Paralysie infantile. — Enfants arriérés.

c) *Système nerveux périphérique.*

1° *Névralgies.* — Du plexus brachial. — Intercostales. — Trifaciales. — Dentaires. — Sciatique, etc.

2° *Névrites.* — Névrite sciatique. — Paralysie saturnine. — Paralysie du nerf circonflexe.

3. — Maladies du système musculaire.

Atrophie musculaire. — Torticolis. — Lumbago.

4. — Maladies de l'appareil digestif.

Asthénie du pharynx. Paralysie du voile du palais. — Dilatation de l'estomac. — Dyspepsie nervo-motrice. — Paresse de l'intestin. — Constipation.

5. — Maladies de l'appareil respiratoire.

Fatigue vocale. — Aphonie nerveuse. — Asthme nerveux. — Coqueluche.

6. — Maladies de l'appareil circulatoire.

Chloro-anémie. — Varices. — Ulcères variqueux.

7. — Maladies de l'appareil génito-urinaire.

a) *Appareil urinaire.* — Incontinence nocturne d'urine.

b) *Appareil génital.* — 1. Homme. Impuissance. — 2. Femme :

a) *Affections de la vulve et du vagin.* — Prurit vulvaire. — Vaginisme. — Vaginite. — Vulvite folliculaire. — Vulvites chroniques.

b) *Troubles de la menstruation.* — Aménorrhée. — Dysménorrhée.

c) *Affections utérines.* — Arrêt de développement de l'utérus. — Métrites cervicales.

d) *Affections péri-utérines.* — Névralgies pelviennes.

e) *Obstétrique.* — Insuffisance de la sécrétion lactée.

8. — Maladies des organes des sens.

a) *Ouïe.* — Bourdonnements d'oreilles.
b) *Odorat.* — Anosmie.
c) *Vue.* — Obstruction des conduits lacrymaux. — Rhumatisme goutteux des yeux et des oreilles.

9. — Maladies de la peau.

Acné. — Séborrhée. — Brûlures. — Chéloïdes. — Ecthyma. — Eczéma. — Engelures. — Impétigo. — Zona. — Pelade. — Prurit. — Psoriasis. — Sclérodermie. — Urticaire. — Furoncles.

1. — Maladies de la nutrition.

Ce que nous avons dit de l'action physiologique de la franklinisation nous permet

d'entrevoir quelle peut être l'influence de
cette méthode sur les processus de la nutrition. Nous savons qu'un bain électro-statique [de cinq minutes élève la température
du corps de 3 à 4 dixièmes de degré. Pendant
un traitement régulièrement suivi, l'urée et
les phosphates augmentent dans les urines,
et le rapport azoturique tend à se rappro-
cher de la normale. Il résulte de tout ceci
que la franklinisation s'impose dans toutes
les affections qui peuvent avoir pour cause
un ralentissement des échanges organiques.

Il faut, pour la même raison, éviter de
l'employer dans les états hyperthermiques,
et, d'une façon générale, dans les maladies
à désassimilation exagérée. J'ai remarqué,
et M. R. Vigouroux l'avait constaté avant
moi, que, dans les tuberculoses à marche
rapide, l'électrisation constitue un réel danger. Je fais néanmoins des réserves pour les
formes torpides particulièrement lentes et
apyrétiques où il peut y avoir intérêt à stimuler la nutrition à la condition expresse de
n'agir qu'avec la plus grande circonspection.

On devra traiter par cette méthode la
goutte, le *rhumatisme chronique*, le *diabète*,
l'*obésité*, et, en général, toutes les affections

de nature arthritique. On voit donc que l'électricité statique est indiquée dans une foule de cas, mais il est indispensable, comme le recommande Vigouroux, d'ajouter à ce moyen un régime alimentaire et quelques précautions hygiéniques en rapport avec les conditions de la nutrition ralentie ou de l'arthritisme. On a ainsi une formule de traitement général qui trouve son application dans plus de la moitié des cas de la pratique.

Diabète. — L'électricité statique a une action incontestable sur le diabète, surtout sur le *diabète gras*. Avec un régime convenable et approprié, elle diminue la quantité de sucre et peut même amener la guérison définitive.

J'ai soigné, pour ma part, un certain nombre de diabétiques par ce procédé, et je dois déclarer que chez tous l'état général s'est remonté d'une façon évidente, de telle sorte que, même dans les cas invétérés, on ne doit pas priver les malades du bénéfice de la franklinisation. Je ne puis résister au désir de publier l'observation qu'on va lire. Elle prouve qu'employée avec méthode et avec persévérance, l'électricité statique peut donner les plus heureux résultats dans cette maladie de ralentissement nutritif.

Observation résumée (Personnelle).

C. B., cinquante-six ans, rentier, demeurant à Paris, se présente à mon cabinet le 6 janvier 1903. C'est un homme d'une taille au-dessus de la moyenne, n'ayant jamais fait d'autre maladie que celle pour laquelle il vient me consulter et qui, me dit-il, ne l'aurait pas fait maigrir.

Il me raconte qu'en 1901 il a été pris de soif vive et de besoins fréquents d'uriner ; il se levait plusieurs fois la nuit. Ces symptômes seraient apparus à la suite de pertes d'argent et de violentes secousses morales.

Une première analyse de ses urines a été faite sur les conseils de son médecin, en juillet 1901. Elle indiquait 63 grammes de sucre par vingt-quatre heures. Depuis cette époque, le malade a été soumis à tous les traitements classiques : antipyrine, bicarbonate de soude, bromure de potassium, arséniate de soude, jambul, etc., etc. Depuis dix-huit mois, malgré les médications suivies, le sucre, qui avait diminué de 24 grammes en septembre 1901, était remonté à 71 grammes, en février 1902. Depuis lors, malgré une médication sagement administrée et un régime des plus sévères, l'état diabétique a persisté avec ténacité, tout en subissant quelques oscillations parfois rassurantes.

B... me présente une analyse fort bien faite fin décembre 1902 et accusant, par litre d'urine, 22 gr. 25. Comme le malade urinait, à cette époque, 3 litres en vingt-quatre heures, c'est 66 gr. 76 de sucre qu'il élimine en réalité par jour.

C'est dans ces conditions que je lui conseille une série de bains électro-statiques, sans préjudice du régime alimentaire et hygiénique, mais abstraction faite de toute autre médication.

La première séance a lieu le jour même, 6 janvier 1903. Bain électro-statique négatif de cinq minutes ; et de semblables séances de cinq minutes sont continuées deux fois par semaine sans interruption avec la machine Carré-Wimshurst combinée construite par M. Rebeyrotte.

A la fin de janvier, le malade me dit éprouver une soif moins vive. Son appétit est régulier sans boulimie ; il ne se lève plus qu'une seule fois la nuit.

On procède à une analyse le 7 février, cette analyse indique 49 grammes de sucre par vingt-quatre heures.

Les séances sont continuées avec une louable persévérance jusqu'au 3 avril où une nouvelle analyse accuse une nouvelle diminution du sucre dont le taux n'est plus que de 22 gr. 30 par vingt-quatre heures.

Encouragé par ce résultat, B... consent à continuer ses séances bi-hebdomadaires.

Le 30 juin, l'analyse des urines révèle 20 gr. 75 de sucre. Et le traitement étant continué, une nouvelle analyse faite le 28 juillet révèle un état stationnaire.

Le traitement est suspendu pendant le mois d'août, et le 4 septembre le malade me revient avec une recrudescence de sucre (28 grammes environ par vingt-quatre heures).

En raison des résultats précédemment obtenus, je l'engage à reprendre les bains frankliniens deux fois par semaine et, cette fois, je les administre avec la *machine à grande surface*.

Le 27 octobre, le sucre est descendu à 16 grammes par jour.

Le 27 novembre, les symptômes généraux paraissant très amendés, on procède à une nouvelle analyse qui décèle 5 gr. 80 par vingt-quatre heures.

Enfin, le 29 décembre, on ne trouve plus dans les urines que 2 gr. 80 de sucre.

J'engage alors B..., à suspendre l'électricité pendant quinze jours et à faire procéder à un nouvel examen de son urine après ce laps de temps. Cet examen, fait le 19 janvier 1904, indique des traces indosables de glucose, et j'engage fortement le malade que je considère comme guéri à surveiller son régime et à revenir me voir si le taux du sucre s'élevait à nouveau.

DATES	SUCRE	TRAITEMENT
6 janvier 1903	66.75	2 séances par semaine. Machine Carré-Wimshurst
7 février —	49	—
3 avril —	22 30	—
20 juin —	20.75	—
28 juillet —	20.70	—
août —	—	Pas de traitement.
4 septembre—	28	2 séances par semaine. Machine à grande surface.
27 octobre —	16	—
27 novembre —	5.80	—
29 décembre —	2.80	—
19 janvier 1904	traces	Plus de traitement.

En résumé, B... a vu, sans médicament et

par la seule influence de la franklinisation, son sucre tomber, en un an, de 66 grammes à 0 ou à peu près.

On remarquera la rapidité avec laquelle se produit l'amélioration à partir du 4 septembre 1903, jour où l'on fait intervenir la machine à grande surface.

Cette observation présente un intérêt capital au point de vue de l'action que peut avoir l'électricité statique sur le diabète. Il ne faut pas perdre de vue qu'il s'agissait, dans le cas particulier, d'un diabète d'origine nerveuse.

J'ajouterai, pour compléter l'observation, que les nouvelles que je fais prendre de B..., le 11 avril 1904, c'est-à-dire près de trois mois après la cessation du traitement électrique, me confirment le maintien de la guérison.

Migraines. — Cette affection qu'on doit le plus souvent rattacher à un trouble de la nutrition est un des symptômes qui cèdent le plus facilement au traitement électro-statique.

Pour combattre l'accès lui-même, je fais asseoir le malade sur le tabouret d'isolement et je le mets en rapport avec le pôle positif de ma machine, pendant que l'autre pôle est au sol. Je dirige vers le point maximum de la douleur l'*excitateur à boule rectanguleuse*, en même temps que le *cône céphalique* est descendu à 20 centimètres au plus de la tête du malade. La région douloureuse reçoit ainsi le souffle négatif qui, après vingt ou trente minutes d'application, amène toujours une sensible amélioration.

Dans les migraines périodiques, on arrive à la guérison en instituant un traitement d'une certaine durée avec la douche électrique et le bain combinés.

Chez certaines femmes, chaque période menstruelle est accompagnée d'une violente migraine qui s'installe avec son ordinaire cortège de vomissements, soit un jour ou deux avant les règles, soit au moment même de leur apparition.

Le Dr Albert-Weil considère, dans ces cas, la franklinisation sous forme de bains et de douches comme le traitement de choix et le procédé le plus efficace.

D'après cet auteur, les bains statiques doivent être donnés tous les jours pendant les vingt jours qui précèdent les règles ; ils seront continués pendant leur durée et interrompus huit jours environ après leur cessation. Il faudra, en général, trois ou quatre séries de séances pour obtenir un résultat définitivement curatif.

Il arrive parfois que des malades soumis à une cure électrique pour une affection de toute autre nature font la remarque que, du même coup, leurs migraines disparaissent. Tout récemment encore, une femme de quarante-cinq ans, obligée, depuis plus de six mois, de monter sur le tabouret deux fois par semaine, pour y maintenir son petit-fils, me faisait remarquer qu'à son grand étonnement la migraine, qui la prenait tous les huit jours depuis plus de dix ans, n'avait pas reparu depuis trois mois.

Ce fait est, d'ailleurs, reconnu par un certain nombre d'auteurs.

Le Dr Arthuis dit que les accès de migraine résistent rarement à une ou deux électrisations et que la maladie elle-même est bientôt vaincue par la continuation du traitement.

Un bain statique tous les deux jours, de trente minutes de durée avec souffle prolongé sur le front, a paru au Dr Larat la meilleure méthode pour guérir la migraine.

Dans une communication faite à la Société médico-pratique le 9 juillet 1888, le Dr Labbé a cité un cas de migraine datant de huit années et guérie par l'application de l'électricité statique en 34 séances.

« Cette observation », dit M. Labbé, « me semble démontrer suffisamment l'action réelle et indubitable de l'électricité statique dans le traitement de la migraine. En effet, dès les premiers jours du traitement, une amélioration considérable s'est nettement accusée et, après la huitième séance, la malade se trouvait déjà très soulagée. Mais il est une particularité sur laquelle je tiens essentiellement à attirer l'attention : c'est la disparition de la crise immédiatement après les séances d'électrisation. Chaque fois, en effet, que la malade arrivait avec une crise, — chaque fois cette crise disparaissait au bout de dix minutes de traitement.

« Cette action rapide et immédiate de l'électricité statique n'est pas unique et spéciale à cette maladie ; maintes fois j'ai eu l'occasion de l'observer sur différentes personnes que je débarrassai ainsi, séance tenante, d'un accès de migraine. J'en ai fait également plusieurs fois l'expérience sur moi-même et, chaque fois, j'ai pu faire disparaître ma migraine après cinq ou dix minutes d'électrisation. »

OBSERVATION publiée par le Dr Arthuis,
dans l'*Union médicale* le 4 octobre 1877.

*Migraine héréditaire et constitutionnelle da-
tant de plus de trente ans compliquée depuis
deux ans de gastralgie rebelle ; traitement
par l'électricité statique ; guérison.*

M. X..., né d'un père goutteux et d'une
mère gastralgique, a souffert pendant l'enfance d'une grande irritabilité gastro-intestinale. Toutefois, grâce à un régime soutenu
et à une bonne hygiène, il a acquis une santé
robuste et une constitution bien équilibrée.

Mais, dès ses plus jeunes années, il a été
affecté de migraines qui ont fait le tour-
ment de sa vie.

Les accès extrêmement douloureux, presque toujours liés à un trouble digestif,
accompagnés de vomissements alimentaires
ou bilieux, duraient de douze heures à deux
jours. Ils se répétaient presque chaque
semaine sous des influences très diverses :
modification du régime, changement d'heures
des repas, refroidissements, émotions morales, etc. Et néanmoins, le repos de l'esprit, l'habitation à la campagne, les voyages,
le séjour au bord de la mer, atténuaient

constamment les accès et les éloignaient
pendant quelques semaines.

Telle fut la situation de M. X... jusqu'à l'âge
de quarante-cinq ans. Attaché à une importante affaire financière, qui exige un travail
assidu et entraîne une grande responsabilité,
il a dû déployer une grande énergie pour
lutter contre ses crises névralgiques toutes
les fois qu'il n'a pas pu se soustraire à ses
occupations. Heureusement, les grands exercices, l'escrime, la chasse, l'équitation, qui
occupaient ses loisirs, ont développé sa
vigueur musculaire et neutralisé la prédo-
minance névropathique.

En 1867, aux souffrances habituelles
s'étaient joints un rhumatisme vague, de
fréquentes éruptions furonculeuses et une
pharyngite granuleuse opiniâtre. Je conseil-
lai alors les eaux d'Aix-les-Bains. Ce traitement auquel l'on revint à deux reprises
(en 1874 et 1875) exerça à la fois une influence
favorable sur les affections secondaires, mais
la migraine habituelle n'en fut nullement modifiée; elle se compliqua même, dans les deux
dernières années, d'une gastralgie acide,
rebelle à tous les calmants, qui exigeait
l'usage continu des eaux gazeuses alcalines

et du charbon, en même temps qu'un régime exclusivement animalisé.

C'est en octobre 1875, trois mois après la dernière saison d'Aix-les-Bains, que le Dr Arthuis fut consulté. Après avoir atténué les symptômes gastralgiques par l'usage du vin de pepsine, il proposa, pour le traitement général, l'emploi de l'électricité statique qui était, depuis plus de huit ans, l'objet spécial de ses études.

M. X... se soumit à 40 séances d'électrisation de dix minutes espacées de trois jours en trois jours.

Après la quinzième séance, une migraine des plus violentes se manifesta, mais ce fut la dernière.

En même temps que l'hémicrânie, les symptômes gastriques cessèrent progressivement et tous les aliments furent, dès lors, également supportés.

Quelquefois encore, à de longs intervalles, il se manifeste un point douloureux limité à une surface étroite du crâne, mais la souffrance, très passagère, est rapidement modérée par des topiques calmants et ne s'accompagne d'aucun trouble des fonctions digestives.

J'ajouterai, pour mémoire, que la goutte, héréditaire dans la famille, qui ne s'était jamais montrée chez M. X... qu'une fois en 1871, au point d'élection, a fait une seconde apparition au printemps dernier, avec une intensité moyenne, et sans s'étendre au delà des articulations du pied.

Il y a presque deux ans que le traitement électrique a été mis en usage et son bénéfice demeure entier, bien que M. X... ait été soumis, depuis cette époque, à un surcroît de travail et que les émotions morales ne lui aient pas été épargnées.

Goutte. — Cet état diathésique peut être considéré comme le type des maladies produites par un ralentissement de la nutrition. Elle encombre les articulations et plus particulièrement les tissus qui les constituent, de dépôts uratiques qui ne vont pas sans une profonde altération des éléments normaux des jointures.

Il y a donc ici un double but à remplir : il faut stimuler l'activité nutritive des tissus et les forcer à accomplir intégralement leurs fonctions, et, de plus, il faut rendre solubles les produits de désassimilation qui se sont accumulés dans l'organisme et en favoriser l'élimination en réparant les désordres qu'ils ont occasionnés.

J'ai obtenu les meilleurs résultats par les bains électro-statiques réitérés accompagnés d'effluves sur les articulations déformées et sur les tophus. J'ai pu agir ainsi utilement sur l'état local et sur l'état général.

La suractivité de la nutrition m'a été démontrée, dans la majorité des cas, par ce fait que les malades maigrissent sensiblement sans que l'analyse de leurs urines accuse la moindre augmentation des déchets azotés. C'est donc que la diminution de poids se fait au détriment des éléments hydrocarbonés.

Obésité. — L'obésité qui doit être considérée comme une maladie par ralentissement de la nutrition, semblait à première vue devoir être justiciable de la franklinisation. Mais il n'y a pas à se dissimuler que, dans le cas particulier, il faut aux malades une somme de patience exceptionnelle.

En effet, la plupart des obèses que j'ai eus en traitement n'ont éprouvé une amélioration appréciable qu'après trois mois au minimum. Ceci bien établi, les résultats sont indéniables : chez un homme de cinquante-six ans dont le corps était littéralement farci de petites masses graisseuses, et qui vint me consulter pour un rhumatisme chronique des genoux, je n'ai pas été peu surpris de voir, en même temps que disparaissait l'arthropathie, les petites tumeurs lipomateuses perdre d'abord de leur consistance et disparaître radicalement après quatre longs mois de bains électro-statiques de dix minutes, répétés deux fois par semaine.

Rhumatisme subaigu et chronique. — Il faut bien se garder d'intervenir par la franklinisation dans les formes aiguës du rhumatisme. Dès que la fièvre a disparu, cette méthode rend au contraire les plus grands services.

Il y a vingt-cinq ans, le Dr P. Vigouroux avait déjà reconnu que l'électricité statique produit d'excellents résultats dans les rhumatismes, mais que cette affection ne doit être traitée que lorsque l'état aigu a disparu.

L'électricité activant la circulation ne semble pas, *a priori*, devoir être employée sur une région déjà fortement congestionnée. Lorsque, au contraire, l'affection aura passé à un état chronique relatif, lorsque cette congestion vive aura disparu, l'électricité produira d'excellents effets.

Dans les formes mono-articulaires, je me suis bien trouvé de la *friction électrique* positive, le malade étant soumis au bain électro-statique négatif. Des séances de dix minutes répétées tous les trois jours ont amené presque constamment une amélioration rapide.

Dans les formes poly-articulaires du rhumatisme chronique, le bain électro-statique négatif de cinq à dix minutes, répété deux fois par semaine, a toujours été suivi de soulagement. J'ai même pu obtenir par ce procédé une guérison complète.

Première observation (Personnelle).

M. S..., quarante-neuf ans, employé de commerce, demeurant à Paris, a eu deux attaques de rhumatisme articulaire aigu généralisé dont la dernière remonte à dix ans. Depuis cette époque, il a conservé une certaine raideur dans les articulations tibio-tarsiennes, scapulo-humérales et dans les genoux.

Au moment où il se présente à mon cabinet, le malade se plaint de ne pouvoir se tenir debout plus d'une heure sans souffrir des jambes; une certaine raideur des articulations radio-carpiennes le gêne pour son travail. Il craint d'être obligé de s'arrêter.

Rien au cœur. — Anémie profonde.

Le 2 juin 1903, je soumets le malade à un bain électro-statique négatif de cinq minutes, et je renouvelle les séances deux fois par semaine.

Le 26 juin, en venant pour la troisième séance, le malade m'annonce une amélioration sensible du côté des jambes. La marche est plus facile; la station prolongée debout est mieux supportée.

Les séances bi-hebdomadaires sont continuées jusqu'au 31 juillet. A cette date l'état des jambes est resté stationnaire, le poignet gauche semble un peu dégagé.

Le traitement est suspendu pendant le mois d'août.

Le 4 septembre, je revois le malade qui se plaint à nouveau d'une certaine raideur des jambes, de douleurs sourdes dans les épaules et d'une recrudescence de gêne dans le poignet gauche.

Je recommence une nouvelle série de bains

statiques négatifs avec la *machine à grande surface*.

Le 29 septembre, les articulations scapulo-humérales et radio-carpiennes sont sensiblement améliorées.

Le 13 décembre, le mieux s'est assez accentué aux membres supérieurs, pour ne laisser subsister aucune gêne fonctionnelle.

Enfin, le 30 octobre, le malade n'éprouve plus la moindre douleur dans les membres inférieurs. Il me dit être revenu à l'âge de vingt ans, il a repris de la mine et ses muqueuses se sont colorées.

Je supprime alors l'électrothérapie.

J'ai revu S... le 5 mars 1904. Il a passé un excellent hiver et il m'annonce avec joie que, depuis la fin d'octobre, il n'a plus souffert de ses douleurs.

DEUXIÈME OBSERVATION RÉSUMÉE (Personnelle).

M. L..., quarante-deux ans, employé au ministère de l'Instruction publique, est atteint d'une douleur très vive dans l'articulation scapulo-humérale droite, sans tuméfaction de la jointure. Certains mouvements, surtout ceux d'abduction sont très pénibles. Il est impossible de porter le bras en arrière et en dedans sans provoquer la plus vive douleur.

Cette douleur existe depuis quinze jours sans réaction sur l'état général et sans fièvre. elle a résisté aux révulsifs et aux topiques usuels.

Le 9 février, première séance, machine à grande surface, bain électrostatique négatif avec étincelles et friction sur la région deltoïdienne. Amélioration manifeste après dix minutes.

Deux autres séances de trois en trois jours, suffisent à amener la guérison.

Quinze jours après la cessation du traitement, le malade pouvait exécuter tous les mouvements du bras sans éprouver la moindre sensation pénible.

TROISIÈME OBSERVATION (Dr Arthuis).

Mme X..., quarante-neuf ans, est atteinte depuis trois ans de rhumatismes articulaires des deux genoux. Les douleurs sont aiguës, la marche difficile, pénible, souvent même impossible, et chaque année, pendant presque tout l'hiver, Mme X... est obligée de garder le lit.

Inutile de dire qu'avant de suivre notre

médication, elle avait épuisé toutes les autres sans résultat.

Traitement. — Bains, frictions et quelques
étincelles. Durée de la séance : un quart
d'heure. Guérison au bout de deux mois.

L'auteur a eu malheureusement l'occasion
de faire une expérience sur lui-même. Atteint
depuis cinq jours de douleurs atroces ayant
leur siège dans le deltoïde gauche, deux électrisations, à deux heures d'intervalle, suffirent pour lui permettre de dormir toute une
nuit, lorsque depuis cinq fois vingt-quatre
heures l'impossibilité de se coucher l'avait
forcé de veiller dans un fauteuil. Au réveil,
les douleurs étaient insignifiantes et il put
reprendre ses visites.

Pour le Dr Arthuis, d'une façon générale,
les affections rhumatismales sont essentiellement du domaine de l'électricité statique.
Il est fort rare qu'elles se montrent longtemps rebelles à cette médication. Il lui est
arrivé, chaque jour, d'obtenir des cures
complètes et, toujours, il a été assuré de
procurer un soulagement immédiat.

Pour le Dr R. Vigouroux, la franklinisation
est efficace contre les manifestations du
rhumatisme; elle est surtout utile pour mo-

difier la diathèse; sous ce rapport, son action est des plus remarquables. Elle réussit même, sans autre médication, dans le *rhumatisme noueux* qui, à la vérité, n'est pas toujours un vrai rhumatisme.

Le Dr Boucheron reconnaît que l'électricité statique par influence a une action non douteuse sur les crises légères et moyennes, tout au moins, du rhumatisme goutteux des viscères et des membres. Par ce procédé d'électrisation, on voit, en quelques minutes, cesser les douleurs rhumatismales des splanchniques, qu'elles siègent du côté des ovaires, de l'intestin, de l'estomac et quelquefois du cœur, et souvent de la tête. Un autre résultat de cette électrisation, c'est la cessation des contractures viscérales, des crampes douloureuses des muscles lisses rhumatisés. C'est peut-être même là le résultat le plus positif, et c'est ce qui contribue le plus à la sensation de détente générale perçue par le sujet.

Pour le *rhumatisme goutteux des membres*, s'il s'agit de crises récentes assez légères, on voit, avec cette électrisation, les douleurs et les contractures réflexes céder ou diminuer à chaque séance.

Une petite crise de goutte au pouce de la main a cessé en une demi-heure. Cette crise avec petite bosse de la phalange unguéale, avec fort gonflement de tout le pouce, douleur assez vive et impotence articulaire, était survenue chez une dame dans le cours d'une violente goutte oculaire et céphalique excessivement douloureuse, se répétant deux fois par an depuis plusieurs années.

Pendant l'électrisation statique par influence dirigée contre la goutte oculaire, la douleur du pouce cessa subitement ; puis, après dix minutes, le dégonflement du pouce devint manifeste ; il était total après vingt minutes. Enfin, la petite bosse rouge périarticulaire pâlit, se ramollit, et avait disparu dix minutes après. La durée du phénomène avait été d'une demi-heure en tout.

2. — Maladies du système nerveux.

Si l'on en juge par les résultats obtenus dans les différentes affections du système nerveux, prises en masse et plus particulièrement dans les paralysies, il semble que l'électrothérapie se rencontre ici sur son réel terrain. On n'admettrait pas facilement aujourd'hui que l'électricité n'intervînt pas dans le traitement de la plupart des affections nerveuses. Peut-être y a-t-il là une certaine exagération, surtout en ce qui concerne le traitement local.

a) **Névroses**. — C'est surtout dans ce domaine des différentes névroses que l'on a attribué à la suggestion la plupart des résultats imputables à l'électricité. Nous nous expliquerons, en temps utile, sur cette question. Il faut bien reconnaître que si la suggestion entre exceptionnellement en ligne de compte, on ne saurait sans parti pris et sans mauvaise foi la considérer comme l'agent principal de guérison.

Ici la franklinisation intervient en stimulant la circulation des centres nerveux. *L'insomnie*, les *tremblements*, les *vertiges* sur lesquels la suggestion est sans effet, disparaissent ordinairement sous l'influence du bain électro-statique. Enfin, l'état général du malade se relève, la vie quotidienne lui devient moins insupportable, à la condition toutefois que le médecin puisse communiquer aux sujets en traitement sa foi dans sa méthode. C'est ici surtout qu'il faut de la persévérance, car l'action est lente, mais on ne doit jamais perdre de vue qu'avec de la volonté on arrive toujours au succès.

Chorée de Sydenham. — Pour le Dr R. Vigouroux, cette affection guérit spontanément dans la majorité des cas. Mais l'efficacité de l'électricité statique se montre incontestable dans le traitement des chorées chroniques, dans les cas anciens et rebelles.

Le Dr Arthuis dit que l'électricité statique est le meilleur moyen curatif contre la chorée qui frappe tous les âges, mais surtout l'enfant de dix à douze ans.

Les Drs Larat et Bardet sont du même avis.

Le Dr Bordier recommande également la franklinisation.

On soumet d'abord le malade à la simple action du bain statique, pendant vingt minutes, puis on termine par la douche statique dont la durée est de cinq minutes.

Cet auteur a vu quelques malades traités par cette méthode et en recueillir un résultat thérapeutique excellent.

Il cite l'observation suivante publiée par M. R. Verhoogen, de Bruxelles.

OBSERVATION

(Dr Bordier, *Précis d'Electroth* , 2e éd., p. 400)

Mlle F. G..., seize ans, présente depuis quatre mois des mouvements choréiques s'é-
tendant à toute la moitié du corps, y compris la face. Ces mouvements ne cessent pas
complètement la nuit. Lassitude générale,
constipation opiniâtre, migraine ophtalmique
survenant régulièrement tous les cinq ou six
jours. L'écriture est difficile, lente et forte-
tement tremblée.

Le traitement a consisté dans le bain statique de cinq minutes, suivi d'une friction
rapide sur toute la moitié droite du corps à
l'exception de la tête, puis souffle sur la face
et la tête. Durée totale dix minutes. Séance
tous les deux jours.

Au bout de six séances, l'écriture est re-
devenue normale, les mouvements choréiques ont complètement cessé, le sommeil
est régulier. Un mois après le début du traitement, la guérison est complète et la malade
n'a pas eu un seul accès de migraine.

Ce qu'il y a de remarquable dans cette
observation, c'est la rapidité de la guérison :
ordinairement, il faut compter sur quinze à

vingt séances de traitement électro-statique
(Bordier).

J'ai eu, pour ma part, à soigner, à la fin
de l'année 1903, un jeune homme de dix-
neuf ans, hémi-choréique droit depuis
cinq mois et demi. Le traitement a consisté
en bains électro-statiques de cinq minutes
suivis d'une douche céphalique positive de
même durée. Les séances de dix minutes
furent répétées deux fois par semaine.
Après six semaines de traitement (12 séances),
l'amélioration était sensible et les mouvements très atténués. La guérison complète a
été obtenue en vingt-deux séances.

Crampes fonctionnelles. — En 1896, le
Dr R. Vigouroux a démontré à l'Académie de
médecine que, contrairement à l'opinion généralement admise, les impotences fonctionnelles traitées par l'électricité statique sont
loin d'être incurables. Dans ces affections,
l'électrisation joue un grand rôle, à la fois
comme moyen local et comme traitement
général.

Les *crampes des écrivains, des pianistes, des
violonistes, des télégraphistes,* etc., ne sont
pas, à proprement parler, des névroses, mais

elles reconnaissent comme cause des altérations nerveuses, musculaires ou vasculaires produites par un mauvais état général (rhumatisme, goutte, alcoolisme). C'est pourquoi l'association d'une gymnastique locale et d'un traitement général est indispensable.

Pour le Dr Bordier, cette affection a des rapports intimes avec la neurasthénie et, au fond, on trouve une faiblesse irritable localisée par des efforts excessifs sur des parties déterminées : cette faiblesse doit être placée dans le système nerveux central.

La franklinisation permet d'obtenir un effet sur tout l'organisme, et son action est parfois suivie d'une grande amélioration.

Le Dr Monell a fait connaître dernièrement l'observation d'une jeune fille atteinte de crampes des télégraphistes qu'il guérit assez facilement par la franklinisation.

Les séances étaient faites tous les jours pendant quinze minutes; après quinze jours, une amélioration très nette se produisit et la malade pouvait se servir de son bras et « envoyer » autant de mots, avec la clef de Morse, que ses camarades, sans en souffrir.

Hystérie. — Que l'on considère l'hystérie comme une psychose ou qu'on se fasse une tout autre idée de cette maladie, on ne saurait nier que, ainsi que l'a démontré R. Vigouroux, cliniquement elle a des rapports avec l'arthritisme.

Il faut donc, pour instituer un traitement rationnel, tenir compte de l'état de la nutrition et des accidents nerveux proprement dits. Un régime sévère doit être prescrit et les malades devront s'abstenir d'une alimentation trop riche dont l'influence nocive par les intoxications d'origine intestinale qu'elle provoque, ne saurait être mise en doute.

Pour combattre les crises, au lieu d'avoir recours à une thérapeutique polypharmaque trop souvent offensive, on agira sur l'état général à l'aide de la franklinisation dont Charcot a démontré les bons effets à la Salpêtrière en 1880. Les bains électro-statiques d'abord de cinq minutes, puis de quinze à vingt minutes, auront facilement raison de tous les symptômes : crises, anesthésies, hypéresthésies, paralysies, contractures, etc.

Chez les grandes hystériques, les attaques s'éloignent, puis disparaissent, la sensibilité reparaît, l'appétit se relève, la gaieté revient et les malades, reprenant de l'entrain, reconnaissent volontiers les bienfaits du traitement.

Dans l'anesthésie totale, après quelques minutes de bain électrique, l'insensibilité s'accroît du côté anesthésié, la sensibilité reparaît en même temps du côté le moins insensible; mais au bout d'un quart d'heure, vingt minutes au plus, l'anesthésie a complètement disparu. L'hystérique conserve alors sa sensibilité pendant plusieurs heures, parfois même plusieurs jours; on peut prolonger cet état en renouvelant les séances tous les jours. Si la sensibilité se maintient, la malade est guérie et elle cesse d'être hypnotisable. Pour Arthuis, la franklinisation est incontestablement le traitement qui convient le mieux aux femmes qui ont des *vapeurs*, des *maux* ou des *attaques de nerfs*, qui souffrent, en un mot, à un degré quelconque de l'*hystérie*, l'une des affections les plus connues.

Le Dr Larat dit qu'une règle importante qui doit dominer la thérapeutique électrique de l'hystérie, c'est qu'il faut agir avec la plus grande prudence. Les conditions psychologiques jouent un tel rôle que la confiance du malade dans le médecin et le traitement est la meilleure garantie du succès; la méfiance contre eux rend incertains tous les efforts tentés pour la guérison.

Il n'existe pas de malades plus difficiles à manier que les hystériques.

Ce sera l'électricité statique qui sera la dominante du traitement de l'hystérie. Le bain sera employé tout d'abord avec précaution et interrompu à la moindre menace de crise, puis on passera au souffle en insistant sur les régions anesthésiées ou paralysées.

PREMIÈRE OBSERVATION (Dr Paul Vigouroux).

Mme M..., quarante-deux ans, est atteinte depuis longtemps d'affections nerveuses dont la multiplicité constitue un ensemble méritant absolument le nom d'*hystérie*.

Cette dame est d'une santé délicate et éprouve souvent des douleurs gastralgiques intenses. Il y a six ans, une première crise se manifesta ; les symptômes observés étaient les suivants : sensation de boule à la gorge, pleurs, coma, poses extatiques, visions, et à cet état que nous avons vu durer jusqu'à trois heures de suite, succédait un abattement considérable et, souvent, une crise nouvelle se manifestait.

Le bromure de potassium, le chloroforme, le chloral, furent employés sans résultats appréciables, Une constipation opiniâtre vint bientôt se joindre aux symptômes précédents. Les crises qui ne se manifestaient d'abord que tous les deux mois environ, se rapprochèrent de plus en plus et se répétaient plusieurs fois par mois quand nous eûmes l'occasion de commencer le traitement par l'électricité statique.

Ce traitement commença au mois de juin 1876. Pendant huit jours, nous employâmes exclusivement le bain. Nous fîmes usage graduellement du souffle et des étincelles dirigées particulièrement sur la nuque et sur la colonne vertébrale.

Pendant le premier mois de traitement, notre malade eut deux crises beaucoup moins fortes que les précédentes. Nous continuâmes l'électricité pendant six semaines encore; aucune crise ne se manifesta pendant ce temps. La santé générale s'améliora rapidement, et nous eûmes la satisfaction de voir notre malade rester pendant un an sans avoir de crises; à cette époque, l'état nerveux se manifesta de nouveau et Mme M... vint se soumettre d'elle-même à l'influence électrique sans attendre l'apparition de symptômes plus sérieux. Nous fîmes encore un traitement d'un mois. Nous avons vu notre malade il n'y a pas longtemps, sa santé était excellente, et depuis trois ans il n'y a pas eu de crises.

Deuxième observation (Dr Arthuis).

Mme X..., trente-six ans, constitution éminemment nerveuse, est atteinte depuis cinq ans d'une *névrose hystérique* caractérisée par les symptômes suivants :

1° Mme X... ne peut *ni se tenir debout, ni marcher* sans être soutenue par sa femme de chambre. Quelquefois il lui est arrivé de chercher à faire seule quelques pas, et elle est aussitôt tombée à terre ;

2° Il existe chez elle une *hyperesthésie* extrême du cuir chevelu. Elle ne peut rien supporter sur la tête : les choses les plus légères, un tulle, une simple gaze lui causent des douleurs intolérables. Elle a même été obligée de faire couper ses cheveux tout à fait ras ;

3° *Hypocondrie prononcée.* La malade, toujours triste, a un dégoût du monde. Elle veut constamment être seule ;

4° Enfin, des *névralgies faciales* presque constantes, des pleurs fréquents, la sensation de boule à la gorge (*boule hystérique*),

quelquefois des convulsions violentes (attaques de nerfs), complètent le tableau de la
névrose de Mme X..., pour laquelle tous les
moyens possibles ont été vainement essayés.

Traitement. — Les procédés employés dans
le cas précédent furent également mis en
usage ici.

Dès le second mois, un mieux très notable
était obtenu.

A la fin du quatrième, la guérison était
pour ainsi dire complète.

Tous les symptômes nerveux avaient disparu ; la malade recherchait le monde et les
distractions et pouvait marcher sans être
soutenue. Seule, l'hyperèsthésie de la tête
existait encore, mais à un degré beaucoup
moindre, puisque le chapeau était très facilement supporté.

Pour achever de faire disparaître ce dernier inconvénient, quelques jours de traitement eussent encore été nécessaires. Malheureusement Mme X... fut obligée de quitter
brusquement Paris.

Les quatre observations qui suivent proviennent de l'œuvre magistrale de M. le
Dr Paul Richer : *Études cliniques sur la*

grande hystérie ou hystéro-épilepsie (Paris, Delahaye, 1885).

TROISIÈME OBSERVATION (Dr Paul Richer).

30 novembre 1880.—Pauline D..., seize ans, se présente à la consultation externe du service de M. Charcot.

A douze ans, à la suite d'un concours, elle a eu pour la première fois une petite crise de nerf (agacements, envies de pleurer, sensation d'étouffement, etc.), qui s'est répétée deux autres fois, à quelques jours d'intervalle.

A quinze ans et demi, la menstruation s'est établie sans douleurs; les règles sont régulières.

Le 27 septembre dernier, la jeune malade a été prise d'une grande crise convulsive, au cimetière, pendant qu'elle assistait à l'enterrement de sa bisaïeule, morte en deux jours et qu'elle affectionnait particulièrement.

Cette première grande crise a duré une heure et s'est accompagnée de perte de connaissance. Le lendemain, nouvelle crise qui s'est prolongée toute la nuit. Depuis cette époque, les crises ont été quotidiennes. Les parents parlent d'un état de mal qui aurait duré quinze jours.

La malade est hémianesthésique droite avec ovarie double plus accentuée à droite, achromatopsie double partielle. Elle ne distingue pas le violet qu'elle prend pour du gris.

Sous l'influence de l'électricité statique, la sensibilité revient presque aussitôt dans le côté droit (sans transfert). Les deux yeux recouvrent en même temps la notion du violet.....

QUATRIÈME OBSERVATION (Dr Paul Richer).

J'ai eu l'occasion d'examiner, vers la fin de juillet 1881, une malade atteinte de grande hystérie, adressée à M. Charcot par le docteur Canton, de Saint-Michel.

Les crises offraient ceci de particulier qu'elles succédaient le plus souvent à l'ingestion des aliments. Elles se déroulaient de la façon suivante :

Pendant le repas, une sensation d'engourdissement envahit peu à peu les membres. A la fin du repas l'engourdissement est général. C'est une sorte d'état comateux profond avec conservation incomplète de la connaissance. La malade éprouve alors de très vives douleurs dans la tête et de violents battements cardiaques ; elle n'a qu'une notion vague et confuse de ce qui se passe autour d'elle. Si on la pince, elle le sent, mais n'a pas le pouvoir de réagir. Aucune excitation ne peut la faire sortir de cet état.

Bientôt surviennent des spasmes violents de tout le corps, et la connaissance se perd complètement. L'agitation est extrême, et les convulsions acquièrent une intensité extra-ordinaire. Quelquefois morsure des lèvres. Il semble, aux gestes et aux contorsions de la malade, que de très vives douleurs se fassent sentir tantôt à la tête, tantôt à la poitrine, tantôt au ventre. Enfin, la crise se termine par un délire violent avec idées de suicide.

Ces crises durent plusieurs heures, quelquefois toute une nuit. Elles ne laissent après elles aucune trace dans le souvenir. La compression ovarienne a été essayée sans succès par le Dr Canton.

Dans l'intervalle des crises, cette malade jouit d'une intelligence fort nette. Elle ne possède pas les allures hystériques et désire le plus vivement la guérison. La sensibilité cutanée à la piqûre paraît normale et égale dans les deux côtés du corps. Il n'y a pas d'achromatopsie. L'ovarie existe des deux côtés, mais plus intense à droite. Point douloureux au sommet de la tête et à la nuque.

Force dynamométrique : main droite = 40 kilogrammes; main gauche = 35. Les réflexes rotuliens ne sont pas exagérés.

L'organisme de cette malade était déjà débilité par plusieurs affections antérieures de l'estomac et des bronches, lorsque les premiers accès de grande hystérie ont débuté en 1878. Ils revenaient une ou deux fois par an avec une grande intensité et pendant quinze jours environ. Cette malade, célibataire, âgée de trente-trois ans, appartient à une excellente famille; sa conduite a toujours été irréprochable depuis plusieurs années elle a eu de très vives émotions morales, amenées par la perte de nombreux parents et, en dernier lieu, par celle d'un jeune homme avec lequel elle était fiancée.

M. Charcot conseilla le traitement par l'électricité statique qui fut appliqué par le Dr R. Vigouroux *et amena, au bout de quelques mois, les meilleurs résultats.*

CINQUIÈME OBSERVATION

(Recueillie par le Dr G. Ballet, dans le service de M. Charcot, 1882.)

C..., dix-sept ans, s'est présentée à la consultation externe le 17 mars 1882.

La malade présente des antécédents nerveux héréditaires. Son père, qui était alcoolique, s'est empoisonné. La mère, qui était très nerveuse, est morte de chagrin quelques mois après.

Elle-même a eu beaucoup de contrariétés dans ces dernières années.

Ses attaques ont débuté à l'âge de treize ans. Depuis l'âge de sept ans, elle se plaignait d'une douleur à la région ovarique gauche.

Dans ses premières attaques, elle se mordait la langue, l'écume lui venait aux lèvres : elle perdait connaissance.

Venait ensuite une phase de grands mouvements suivie bientôt d'une période hallucinatoire qui était de beaucoup la plus caractéristique.

La malade appelait des enfants qu'elle soignait dans la journée : « Bébé ! Bébé ! prends garde aux couteaux : retire-toi ! — essuyez tout ce sang. Oh, les araignées! vite, vite, voilà encore les assassins! » puis, elle prenait une attitude défensive et restait ainsi quelque temps les yeux fixes.

A cette époque, il n'y avait pas grand trouble de la sensibilité. Aujourd'hui un peu d'hyperesthésie à gauche. Rétrécissement notable du champ visuel de ce côté. Pas d'achromatopsie (17 mars 1882).

Le 26 mars, la malade étant entrée dans le service, nous l'examinons et nous notons ce qui suit :

Hémianesthésie gauche complète. Il existe cependant une plaque de sensibilité large comme une pièce de cinq francs au niveau du cou. Rétrécissement considérable du champ visuel de ce côté.

Achromatopsie du côté gauche.

Les attaques ne sont guère modifiées. Nous assistons à l'une d'elles.

La malade sent venir l'attaque.

Elle a la sensation d'une boule qui, partant de l'ovaire gauche, remonte à l'épigastre, puis au cou, où elle produit un sentiment de constriction.

A ce moment, les paupières se mettent à battre, les yeux se convulsent en haut et la période des grands mouvements commence.

La malade saute sur son lit à quinze ou vingt reprises en poussant des cris aigus, puis tout à coup se met en arc de cercle et reste ainsi trente à trente-cinq secondes : elle retombe ensuite et entre dans une période hallucinatoire caractérisée, comme nous l'avons dit plus haut. Elle a ainsi vingt-cinq à trente attaques chaque fois.

Durant ces attaques, la pression de l'ovaire gauche reste sans effet ; mais si on comprime simultanément l'ovaire et le sein gauche, on suspend l'attaque aussi longtemps qu'on maintient cette double compression.

La pression du point situé sous le sein gauche détermine l'attaque.

Après ses attaques, la malade présente très souvent une contracture à l'un ou l'autre pied, contracture que l'on a toujours pu faire disparaître au moyen de l'application d'aimants. Après un certain nombre de transferts, les deux pieds redevenaient libres. A ce propos, nous avons fait les remarques suivantes :

1° Nous faisons apparaître la contracture à volonté du côté opposé à l'application de l'aimant, et le siège de la contracture transférée, en vertu d'une loi physiologique préétablie, dépend non du siège de la contracture primitive, mais du côté où l'on applique l'aimant.

2° Nous constatons que l'on peut observer le transfert à la face comme aux membres.

La malade est soumise au traitement par l'électricité statique.

Bientôt, la sensibilité revient d'une façon définitive, l'achromatopsie disparaît, les attaques s'éloignent pour disparaître à leur tour, les points douloureux n'existent plus, et au mois de septembre, la malade quitte la Salpêtrière, complètement guérie.

SIXIÈME OBSERVATION

(Communiquée au Dr Richer
par le Dr R. Vigouroux.)

Hystérie chez un jeune garçon.
Crises à forme somnambulique.

P. G..., né en 1865. Sa mère a eu pendant la grossesse et l'allaitement des attaques d'hystérie auxquelles elle était sujette. Le développement physique de l'enfant ne présente rien de particulier, mais son caractère se montra bientôt violent, irascible, querelleur, batailleur, malgré un grand fonds de bonté et de sensibilité.

A sept ans, rhumatisme articulaire aigu qui le tient un mois au lit.

En 1879 (à l'âge de quinze ans), P. G... qui suivait avec succès les classes d'un lycée, se plaint quelquefois de ne plus aussi bien comprendre, de sentir sa tête vide, d'y avoir comme une boule flottante. Il trébuche souvent en marchant et même il tombe plusieurs fois, toujours sur le dos. Il grandit rapidement et maigrit.

A la fin de février 1880, il ne va plus au lycée qu'avec répugnance; il accuse des douleurs dans les articulations. Le 28 du même mois il prend le lit et tout aussitôt se débat, récite avec goût de longs morceaux littéraires, improvise même, puis passe à des chants bizarres ou lugubres, pousse des cris, tout cela dans un état évidemment inconscient. Les jours suivants, surviennent des crises violentes, surtout le soir. Il essaie de briser les objets environnants, de se tuer, de se jeter par la fenêtre.

La crise finit par le retour soudain et complet de l'intelligence. Dans les nuits qui suivent les crises il y a généralement des manifestations de somnambulisme.

Dans la journée, il se met souvent, sans motif, à fuir et cherche à se cacher.

Il tombe parfois comme une masse inerte, semble ne pouvoir se relever et reste étendu des heures entières, poussant des grognements si on veut le relever ou le déranger de sa position.

On constate l'anesthésie de toute la surface cutanée, l'achromatopsie des deux yeux, excepté pour le rouge et la langue est souvent comme paralysée.

Du 28 février au 8 avril, il est traité par le bromure de potassium, les affusions froides, l'exercice et le séjour à la campagne, sans résultat.

On a alors recours à l'électrisation statique. Des crises d'un nouveau genre viennent s'ajouter aux anciennes : P. G... imite tout ce qu'il voit ou entend, mais avec calme et gravité.

De juillet à octobre, il se produit un mieux sensible : plus de crises, seulement des caprices, des exigences déraisonnables, des brusqueries, des goûts bizarres. Il y a toujours, à un certain degré, de la céphalalgie frontale, de l'insomnie, des cauchemars.

En octobre, il peut reprendre ses études au lycée dans la classe supérieure et avec succès, après une interruption de sept mois. Mais le 28 février 1881, un an après le début de la maladie confirmée, les mêmes symptômes réapparaissent, quoique avec moins de gravité. La rechute est attribuée à une punition injuste. Les études sont de nouveau interrompues et le traitement par l'électricité statique est suivi régulièrement jusqu'au mois d'octobre.

L'amélioration s'accentue tellement que d'octobre 1881 à octobre 1882 le traitement n'a lieu que par intervalle et que les études ne souffrent plus un seul jour d'interruption...

Épilepsie. — L'électricité statique a réussi au Dr R. Vigouroux chez des épileptiques de tout âge pour lesquels le bromure et autres moyens usuels étaient demeurés inefficaces.

Il s'agissait d'épilepsie attribuable à l'arthritisme.

Le Dr Arthuis aurait obtenu de bons résultats par la même méthode.

J'ai eu l'occasion de soigner trois malades pour cette terrible affection. Chez les deux premières que je considère comme des hystéro-épileptiques, j'ai obtenu les résultats les plus encourageants. Quant au troisième, il s'agissait d'un homme de trente-deux ans, alcoolique, irrégulier dans son traitement, à qui j'ai dû conseiller, en pure perte, une plus saine hygiène avant d'avoir de nouveau recours à la franklinisation.

Tics nerveux. — Myoclonie. — La myoclonie est un mouvement convulsif clonique reconnaissant comme cause la dégénérescence et dont la forme la plus bénigne est le tic simple de la face et surtout le clignotement des paupières.

Cette forme est facilement influencée par le traitement électrique. Quant aux tics nerveux proprement dits ils sont considérés comme incurables. Quoi qu'il en soit, on doit toujours avoir pour objectif de remonter l'état général, en laissant l'état local au second plan.

Il est vraisemblable que le pronostic des tics proprement dits serait moins sombre si on instituait le traitement dès l'apparition chez l'enfant du premier symptôme de la névrose.

Il est vraisemblable qu'en pareil cas le bain électro-statique et le souffle combinés administrés avec prudence produiraient les meilleurs résultats.

Le Dr Bordier publie l'observation suivante due au Dr Destarac, qui a utilisé le courant galvanique avec pôle positif comme électrode active et ensuite la franklinisation sous la forme de bain statique.

OBSERVATION (Dr Destarac d'après Bordier).

Clignotement et blépharospasme.

Mlle X..., onze ans. La malade a eu de quatre à sept ans, des cauchemars fréquents. Elle est très impressionnable, capricieuse, emportée, pleure facilement. Elle aurait eu, il y a un an, des sensations d'étouffement avec constriction à la gorge. Le réflexe pharyngien est aboli; mais il n'y a pas de rétrécissement du champ visuel, pas de zones hystérogènes, ni de troubles de la sensibilité.

Les réflexes rotuliens sont plutôt exagérés. Il existe une légère asymétrie de la face et un léger strabisme. Les oreilles sont très détachées, mal ourlées, absence de lobule.

Le tic a commencé, il y a quatre ou cinq mois, par un clignotement bilatéral qui, sans raison, s'est aggravé et transformé assez brusquement au mois de septembre 1897 en un blépharospasme intense qui revient par accès très rapprochés. Elle explique ce tic par un picotement qu'elle éprouverait dans les yeux.

Vers le soir, elle éprouve une sorte de crampe douloureuse vers la racine du nez ; ce malaise se produit aussi et s'exagère quand elle essaye d'empêcher son tic par un effort de volonté.

Il cesse pendant le sommeil, nous n'avons pas constaté de phénomènes surajoutés.

Toutes les réprimandes sont restées sans effet.

Quand nous commençons notre traitement, en novembre 1897, on a déjà essayé sans résultat les douches, l'antipyrine, le valérianate de Pierlot, etc.

Le traitement électrique consiste en applications, au moyen d'une électrode appropriée, du pôle positif stable avec augmentation du courant poussé très lentement jusqu'au degré extrême de tolérance du sujet. Le pôle négatif est représenté par une large plaque à la nuque.

On termine la séance par quelques minutes de bain statique avec souffle.

En général, la sédation ne se produit pas

immédiatement ; on constate au contraire après la séance, une exagération de spasme ; le calme se fait surtout sentir le lendemain. Après une douzaine de séances, à raison de trois minutes par semaine, le tic a à peu près disparu. A ce moment, une vive émotion causée par une chute réveille un peu les accidents qui cèdent complètement après vingt-deux séances.

Neurasthénie. — Comme nous l'avons déjà vu, Ch. Robin et le professeur Bouchard ont démontré que l'état de maladie est toujours constitué par un trouble de la nutrition.

Guimbail a prouvé que la déviation nutritive a pour siège le protoplasma cellulaire lui-même et pour cause le trouble constitutionnel ou acquis des phénomènes de digestion intra-cellulaire. Il a remonté jusqu'à la source même de cette digestion, jusqu'au potentiel de la cellule duquel dépend son énergie assimilatrice. A tous les instants de la vie, ce potentiel se trouve rigoureusement équivalent au potentiel du segment de l'axe nerveux auquel affère la région organique envisagée. Il augmente ou décroît avec lui.

On a ainsi la clef de cet état général d'é-
puisement qu'on appelle *neurasthénie*, que
l'affaiblissement se manifeste dans l'ensemble des fonctions ou qu'il se localise
plus spécialement à tel organe en particulier.

Sous l'influence de cet état, la malade est
toute disposée à absorber l'interminable liste
des médicaments dits toniques : sirops recons-
tituants, pilules fortifiantes, vins souverains,
etc. Le médecin doit, au contraire, user de
son autorité pour faire entrer dans son esprit la conviction fondée que son état mor-
bide est lié soit à une déviation, soit à un
ralentissement de la nutrition cellulaire,
viciant l'élaboration de la matière ; que ce
trouble lui-même est subordonné à l'affaiblissement de l'excitation provenant des
centres nerveux, et que les agents physiques
s'imposent pour ramener celle-ci à son
taux normal : je dis plus, qu'ils représentent
l'unique procédé curatif efficace contre la
neurasthénie (Guimbail).

Aucune médication ne semble à première
vue aussi propre que la franklinisation à agir
sur les centres nerveux, à stimuler le neurone central condensateur et répartiteur tout
à la fois du potentiel nerveux, et à permettre,

en cas de rupture d'équilibre, l'égale distribution de ce potentiel dans l'ensemble du réseau distributeur dont l'aboutissant périphérique extrême est la cellule.

Encore faut-il bien se garder de faire de tout névropathe un neurasthénique. Cette tendance devient aujourd'hui générale.

Pour qu'un malade puisse être légitimement considéré comme neurasthénique, il faut qu'il présente les symptômes bien caractéristiques sans la reconnaissance préalable desquels l'électricité risque d'échouer.

Le premier symptôme est l'*asthénie cérébrale*. Le malade désemparé ne peut, sans grande fatigue, se livrer à aucun travail intellectuel ou porter longuement son attention sur le même sujet.

Vient ensuite l'*insomnie*, symptôme très pénible qui ajoute à la fatigue cérébrale.

La *céphalée* vient en troisième avec sensation de constriction du crâne, douleur à la nuque et vide central; il n'est pas rare d'entendre les malades se plaindre d'avoir comme une calotte de plomb très pesante.

L'innervation motrice de l'estomac et de l'intestin provoque une *dyspepsie* avec distension et souvent dilatation gastrique.

On observe encore, comme symptômes courants, une *sensation de lassitude ou de courbature musculaire* surtout *dans les membres inférieurs*, des douleurs lombo-sacrées pouvant s'irradier à toute la colonne vertébrale.

Il existe un certain nombre de symptômes moins fréquents que les précédents, mais qui peuvent compléter le tableau clinique de la neurasthénie. Ce sont :

1° Le *vertige* qui se manifeste quand le malade va au grand air, sur une place publique, dans la rue, alors que dans un appartement rien de pareil ne se produit; quelquefois ce vertige se produira dans un cirque, au théâtre, à l'église, etc. ;

2° Des troubles *sensitifs*, *moteurs* et *sensoriels* tels que hyperesthésies, fourmillements, crampes, tremblements, bourdonnements d'oreilles, troubles de la vue, etc., etc.;

3° Des *troubles vaso-moteurs :* palpitations, angoisse précordiale, accélération ou ralentissement du pouls;

4° Impuissance ou excitation génitale.

Le Dr R. Vigouroux a démontré que, chez les neurasthéniques, l'influence arthritique n'est pas douteuse. Elle se manifeste, soit par les antécédents héréditaires, soit par l'examen urologique. L'analyse de l'urine révèle un abaissement notable du coefficient azoturique. L'élimination des phosphates est constamment inférieure à la moyenne et la phosphaturie est d'une rareté exceptionnelle.

C'est donc à la franklinisation bien dirigée qu'il conviendra d'avoir recours, mais en surveillant le régime alimentaire et l'hygiène du malade.

Je soumets mes malades à des bains électro-statiques négatifs de cinq minutes, rarement plus, répétés tous les deux jours pour commencer, en tenant compte de la susceptibilité individuelle. Je promène en même temps des effluves positifs sur les points douloureux.

La douche est indiquée pour combattre l'asthénie cérébrale, la céphalée et l'insomnie. La chaise à transformations que j'ai imaginée permet de diriger les effluves sur le sacrum en cas de rachialgie sacrée et sur le périnée en cas d'impuissance. Les résultats sont favorables, rapides et constants.

Pour le Dr Larat, il n'existe peut-être pas de meilleur sédatif au point de vue général que l'électrisation statique. L'erreur du grand nombre est de croire que cet attirail volumineux d'où sortent, avec un bruit sec, des étincelles, des foudres en miniature, ne peut être qu'un agent puissant d'excitation, d'énervement. Cette idée, partagée par bon nombre de personnes instruites, voire même par des médecins, repose sur le fait de la production de l'état nerveux spécial où l'orage jette la plupart des individus, surtout les névropathes. En électrothérapie, tout se réduit, pour agir convenablement, à doser soigneusement son médicament... que l'on vienne à dépasser la dose voulue, et les phénomènes d'excitation apparaissent : insomnie, agitation, etc..., on voit que l'électricité statique peut offrir deux ordres d'effets, selon les doses, effets sédatifs et effets excitants. C'est à l'expérience de l'électrothérapeute qu'il appartient d'appliquer judicieusement l'une et l'autre action. Il est impossible, à cet égard, de formuler des règles précises, l'effet étant naturellement variable suivant les tempéraments. Il est des névropathes pour lesquels un bain statique de dix minutes devient excitant. Certains autres malades comme les neurasthéniques dont le système nerveux est profondément déprimé, se trouvent bien de bains prolongés... Mais, je le répète, ces données n'ont qu'un caractère général et les exceptions sont nombreuses. Je donne donc le conseil, par mesure de prudence, de commencer par tâter la susceptibilité du sujet et de n'agir d'abord qu'au moyen de bains statiques de courte durée, cinq minutes par exemple, pour atteindre en quatre ou cinq séances la dose favorable qui, en moyenne, se rapproche de vingt minutes... (Larat).

Somnambulisme. — Lorsque les fonctions qui, normalement, s'accomplissent à l'état de veille, se produisent pendant le sommeil normal, on dit qu'il y a somnambulisme.

Ce qui différencie essentiellement les rêves somnambuliques nocturnes des rêves ordinaires, c'est que, dans les premiers, la conscience est conservée tandis qu'elle est abolie dans les seconds.

Le Dr Bordier publie l'observation suivante qui démontrera que, dans cet état névropathique, c'est à la franklinisation qu'il faut avoir recours, et en particulier au bain et à la douche électrique.

OBSERVATION (Dr Bordier).

Pierre P..., âge neuf ans.

Depuis la fin du mois d'octobre 1901, ce petit garçon fait des rêves somnambulistes : il se lève et parle, une fois couché, deux ou trois heures après qu'il s'est mis au lit ; entre 11 heures et minuit. Il commence à s'agiter ; puis il se dresse sur son lit debout et appelle : « Maman, maman ! » il parle en pleurant et il est impossible de comprendre ce qu'il dit. Si on accourt près de lui, il continue à parler et ne fait aucune attention à ce qu'on peut lui dire : il crie fort, il secoue ses bras de haut en bas. On a beau lui parler, on n'arrive pas à le réveiller, on est obligé d'attendre que son rêve passe tout seul. Le plus souvent, il calcule : 2 fois 6, 12 ; 4 fois 7, 28, etc. Il s'assied sur son lit et devient plus calme, ses cris cessent et il a l'air d'être en classe ; il fait ses devoirs oralement. Au début, ces rêves duraient une dizaine de minutes ; puis ils ont augmenté de durée et, progressivement, ils sont arrivés à durer vingt minutes à une demi-heure.

Depuis deux mois, tous les soirs, ce somnambulisme fruste se manifestait avec cette intensité. C'est dans cet état que l'enfant se trouvait quand on nous l'a conduit le 18 décembre. C'est un enfant nerveux, maigre, paraissant avoir une grande énergie : son état général ne laisse rien à désirer. Nous le soumettons au bain électro-statique avec douche et souffle, la pointe étant dirigée sur la région temporale gauche, vers la circonvolution de Broca : la séance dure vingt minutes. Le traitement est appliqué régulièrement tous les deux jours.

Dans la nuit qui suit la première séance, les parents constatent qu'il ne se lève pas ; le deuxième jour, il se lève, parle et crie assez fort.

Dans les jours qui suivent, il ne se lève plus, mais parle sans crier et sans pleurer. A partir de la cinquième séance, le 26 décembre, il ne parle plus ni se lève.

Le traitement est cependant continué jusqu'au 9 janvier 1901.

Le petit malade n'a plus parlé : il n'a manifesté aucune tendance au somnambulisme.

Les parents que nous revoyons en mars nous affirment que leur enfant n'a plus fait un seul rêve : il est tout à fait guéri.

Cette observation démontre que le bain

électro-statique associé avec le souffle, sur la région correspondant au siège de la parole, peut avoir une action radicale sur le somnambulisme.

Cette action s'explique par l'effet calmant du bain en même temps que par la vaso-constriction et l'abaissement de la température locale de la région pariétale gauche produits par le souffle.

b) **Système cérébro-spinal.** — Les maladies du système cérébro-spinal comprenant les diverses paralysies d'origine organique ont été, les premières, traitées par l'électricité statique. Chez les peuples primitifs, la décharge de la torpille est encore appliquée dans cette intention. Nous ne croyons pas en toute sincérité que, sur ce terrain, aucune méthode soit comparable à la franklinisation.

Le courant franklinien a le grand avantage d'exciter isolément chaque muscle, sans que l'excitation se propage aux muscles voisins et, d'un autre côté, l'étincelle est capable de produire la contraction alors que les autres modes d'électricité sont sans effet.

Toutes les fois que la lésion nerveuse

aura pour origine un état arthritique, le traitement par l'électricité agira de la même manière sur l'état général que chez les sujets dont nous avons déjà parlé et présentant des manifestations diathésiques de même ordre. Mais ici, comme ailleurs, il faudra s'abstenir s'il existe des lésions de nature tuberculeuse ou si le malade présente une température au-dessus de la normale.

Dans les conditions où l'intervention n'est pas contreindiquée, l'électricité statique produit dans les paralysies des effets curatifs presque absolument constants. De nombreuses observations rapportées par les différents auteurs prouvent cette action en quelque sorte élective.

Hémiplégie. — Dans les paralysies de cause hémorrhagique, des opinions diverses ont été émises sur l'époque de la maladie où il convient d'instituer le traitement électrique. Le Dr Bordier dit qu'il faut laisser s'écouler un grand mois après l'accident cérébral de façon à laisser s'éteindre la période de réaction inflammatoire et s'établir la période d'état.

Pour la plupart des auteurs, si l'on appli-

quait l'électricité avant la réparation de la
lésion initiale, on s'exposerait à voir se manifester de nouveaux accidents.

Je suis d'avis qu'il faut être très circonspect et surveiller la température du malade.
S'il n'y a ni fièvre ni contracture musculaire, je n'hésite pas à instituer dès les premiers jours la douche et même les étincelles.
Je n'ai jamais eu d'accidents en procédant
avec prudence et en tenant compte des indications ci-dessus. Tous les médecins savent
d'ailleurs qu'un malade ayant eu une première hémorrhagie cérébrale est exposé à
en avoir une série. Lorsque, dans le cours
du traitement électrique, une nouvelle attaque se produira, devra-t-on fatalement
l'attribuer au traitement lui-même ?

Chez mes malades, j'ai été assez favorisé
pour ne pas avoir à déplorer d'accident in-
tercurrent. Si le fait s'était produit, je l'aurais considéré comme une simple coïnci-
dence.

Les hémiplégiques suivent en général le
traitement électrique avec une persévérance
et une confiance des plus encourageantes
pour le médecin : aussi, dans les vieilles hé-
miplégies tardivement traitées, aurait-on

mauvaise grâce à ne pas recourir à une méthode qui, dans les cas les plus invétérés, améliore constamment l'état général et agit encore d'une façon accessoire, mais utile en combattant la constipation habituelle en pareil cas.

Je pourrais mettre sous les yeux du lecteur quelques observations personnelles démontrant que, dans les paralysies par hémorrhagie cérébrale, j'ai pu, sans inconvénient, commencer le traitement deux ou trois jours après l'accident. Qu'il me suffise de reproduire deux observations publiées en 1882, par le Dr Paul Vigouroux et concernant des malades qui, surpris en pleine santé par une hémorrhagie cérébrale, ont été traités par l'électricité statique dans les vingt-quatre heures qui ont suivi l'accident.

Première observation
(Dr Paul Vigouroux).

Mme R..., soixante ans, est d'une bonne santé et n'a pour ainsi dire jamais été malade. Le 21 mai 1878, elle est prise d'une attaque d'apoplexie pour laquelle on nous fait demander immédiatement. Nous constatons une hémiplégie gauche, intéressant peu les muscles de la face ; la langue est néanmoins déviée, la parole embarrassée. Le lendemain, la malade se fait transporter dans notre cabinet.

Les mouvements du bras et de la jambe gauches sont absolument nuls, et nous sommes obligé, pour la maintenir sur l'isoloir, de remplacer le tabouret par une chaise. Après quelques minutes de bain statique et de douche, nous employons de fortes étincelles que nous dirigeons principalement sur la nuque, la colonne vertébrale et les membres paralysés. Après un quart d'heure d'électrisation, Mme R... descend seule de l'isoloir et, au grand étonnement de ses porteurs, regagne à pied sa voiture. Elle revint pendant deux jours ; la jambe a recouvré l'intégrité de ses fonctions, le bras et la main seuls restent paresseux. Quelques frictions ont été employées sur la face ; la déviation de la langue est presque insignifiante ; de petites étincelles ont été d'ailleurs tirées sur cet organe.

Malgré nos conseils, Mme R..., enthousiasmée par les résultats obtenus et se croyant guérie , ne revint pas. Quinze jours après, notre malade, voyant que les fonctions du bras ne s'amélioraient pas, vint de nouveau réclamer le secours de l'électricité. Sept séances consécutives suffirent pour la guérir complètement.

Deuxième observation résumée
(Dr Paul Vigouroux).

N. T..., soixante-deux ans, est atteint d'une affection rhumatismale depuis longtemps. Il y a néanmoins quelques années qu'il ne ressent plus de douleurs, quand, le 22 mars 1879, nous fûmes appelé à constater chez lui une hémiplégie du côté droit. Nous devons noter qu'il n'y a pas d'aphasie. Nous le soumettons, dès le lendemain, à l'action de l'électricité statique. — Comme dans le cas précédent, nous avons recours aux étincelles presque immédiatement.

Dès la première électrisation, l'amélioration est manifeste. Après la cinquième, la guérison est complète.

Le malade prend vingt séances, toute trace de paralysie a disparu; il n'y a pas eu d'accidents.

Ces observations et les résultats de notre pratique personnelle sont en contradiction formelle avec les principes généralement admis. Ils établissent la supériorité incontestable de l'électricité statique avec laquelle les accidents ne se produisent pas sur l'électricité dynamique qui semble susceptible d'amener une nouvelle congestion du foyer cérébral.

J'établis en principe que, en tenant compte des précautions sus-indiquées, lorsqu'il s'agira de traiter une paralysie de cause hémorrhagique par l'électricité statique, plus tôt on appliquera le traitement, plus on aura de chances d'obtenir une guérison radicale et moins il faudra de temps pour obtenir ce résultat. Il semble, en vérité, que loin de disposer le malade à des rechutes, l'électricité statique facilite au contraire la résorption des caillots et la cicatrisation du foyer.

La *paralysie agitante* peut être améliorée par des frictions électriques faites sur la colonne vertébrale, mais cette sorte de révulsion doit être menée avec les plus grandes précautions. *Il faut bien se garder de provoquer des contractions.*

J'ai obtenu une amélioration très appréciable chez un malade de cinquante-deux ans avec trois séances de dix minutes par semaine,

séances dans lesquelles le bain électro-
statique négatif était associé à la friction
prudemment dirigée. Après chaque séance
les tremblements disparaissaient comme par
enchantement, mais ce résultat n'était que
momentané.

Tabes. — Dans cette affection dont la
marche est essentiellement irrégulière et
capricieuse, on ne saurait, de prime-saut,
rendre l'électricité, pas plus que tout autre
traitement, responsable des résultats obtenus.
Malgré tout, j'ai obtenu avec la machine statique des résultats favorables.

L'action du traitement se manifeste surtout sur les symptômes, c'est ainsi que l'électricité statique agit contre certains accidents
de la maladie, tels que : la paresse des sphinc-
ters, la paralysie de la vessie, l'incoordination, les douleurs fulgurantes, les crises gastriques.

Le Dr R. Vigoureux dit qu'avec la franklinisation méthodiquement employée, il a vu,
dans quatre cas, un début de tabes chez des
sujets syphilitiques, caractérisé par la
diplopie, le ptosis, les troubles vésicaux,
l'incoordination des membres inférieurs, la

perte des réflexes rotuliens, les douleurs fulgurantes, le tout durant depuis plus d'un an
et moins de trois, s'arrêter et la maladie disparaître, sans récidive après plusieurs années.

Le Dr Larat s'est bien trouvé des bains
statiques accompagnés d'étincelles sur la
moelle et les membres inférieurs pour éviter
le retour des douleurs et agir puissamment
sur la motilité.

Plus heureux, le Dr Arthuis a obtenu une
quasi-guérison dans le cas suivant :

OBSERVATION (Dr Arthuis).

M. de X..., quarante-huit ans, homme de
lettres, est venu nous consulter le 1er juillet 1872.

Les premiers symptômes de l'ataxie loco-
motrice progressive, dont il est affecté, re-
montent à quinze ans en arrière.

Ils consistaient en douleurs intercostales
fugitives, en altérations visuelles avec tendance marquée au strabisme et à la diplopie.
Sous l'influence de peines morales de diverses natures, l'état général s'était singulièrement aggravé. Sommeil, appétit, embonpoint, tout avait successivement disparu.

Il consulta tour à tour plusieurs célébrités

médicales de Paris qui conseillèrent une saison à Ems (1866).

L'année suivante, il fut envoyé à Vichy, sans obtenir la moindre amélioration; il revint même plus souffrant.

Cependant la maladie allait toujours grandissant. Les *douleurs fulgurantes*, intolérables, devenaient de plus en plus fréquentes et prenaient le caractère de crises. Le dépérissement général augmentait, et M. de X... devenait incapable de tout travail intellectuel : la vue seule d'un livre lui causait une répugnance particulière, et l'idée d'écrire, même quelques lignes insignifiantes, lui inspirait un insurmontable dégoût. C'est à ce moment qu'un état hémorrhoïdal très douloureux se manifesta en même temps qu'une constipation rebelle et un affaiblissement sensible de la vessie. De nouvelles consultations firent ordonner les eaux d'Aix (1868). L'effet de cette cure fut peu appréciable. L'hivernage à Paris devint impossible, et le malade fut dirigé sur Nice. Douleurs de plus en plus vives, amaigrissement continu, troubles de la vue plus grands, incontinence d'urine et premiers désordres dans la locomotion.

Les bains de vapeurs térébenthinés sont alors prescrits et interrompus au vingtième par l'exténuation du malade et l'inefficacité du moyen.

De retour à Paris, une seconde saison à Aix fut encore conseillée, sans plus de résultat que la première.

Nouvel hivernage à Nice, pendant lequel M. de X... prend 104 bains turcs, sans aucun avantage.

Rentré à Paris, il commença un traitement électrique (mais par l'électricité dynamique), avec un spécialiste connu. Aucune amélioration n'est obtenue par cette médication.

Chassé de Paris par l'invasion, le malade ne peut dépasser Orléans où il s'alite. Il traverse ce rude hiver de 1870-71 dans les conditions les plus pénibles. Le moral reste bon, mais le corps s'affecte de plus en plus. La marche devient beaucoup plus difficile et plus désordonnée et les chutes se font fréquentes. Les douleurs fulgurantes sont presque quotidiennes, et une insomnie implacable est le partage de toutes ses nuits. A ce moment le malade est tellement découragé qu'il résiste à tout conseil de médication·

nouvelle et semble résolu à s'abandonner tout à fait.

C'est le 1er juillet 1872 qu'il commença à suivre notre traitement : bains, frictions, quelques étincelles, séances de dix minutes trois fois par semaine.

Au bout d'un mois une amélioration sensible s'était déjà montrée; diminution notable des douleurs, augmentation de l'appétit, retour du sommeil, état moral meilleur.

A la fin de la première année de la cure (le traitement n'avait pas été continu; tous les trois mois environ nous l'interrompions pendant quinze jours à trois semaines), les douleurs atroces d'autrefois avaient entièrement cessé.

L'appétit était bon et un embonpoint notable avait reparu.

La sensibilité des jambes, totalement abolie, était revenue entière.

L'incontinence d'urine n'existait plus.

Enfin, la marche était meilleure.

Le moral était aussi considérablement remonté, le goût du travail était revenu, et M. de X.... publiait plusieurs travaux littéraires importants et très appréciés.

Paralysie infantile. — Dans cette affection,
il serait inutile et même imprudent d'instituer un traitement local des lésions et d'électriser les membres paralysés en cherchant à
y provoquer des contractions des muscles.
C'est donc à l'état général qu'il faut s'adresser ici. En dépit de l'opinion émise par le
Dr Larat, l'électricité statique produit les
meilleurs effets, de nombreuses guérisons et
des améliorations constantes quand elle est
appliquée convenablement.

Comme le dit avec raison le Dr Bordier, ce
n'est pas avec les petites bobines du commerce qu'on modifiera favorablement une
paralysie infantile. Avec cette forme du courant, on aggravera la plupart du temps la
paralysie et la déformation des membres
augmentera par l'action exclusive du flux
électrique sur les antagonistes des muscles
dégénérés.

Il faut qu'on sache bien qu'avec de la persévérance de la part du médecin et de la
part des parents des petits malades, les
bains électro-statiques, s'ils ne guérissent
pas toujours radicalement, amènent dans la
totalité des cas de considérables améliorations. L'atrophie musculaire disparaît, la

température locale se relève, la déformation s'efface et la démarche redevient bien souvent celle du commun des mortels.

Mais ce qu'il est indispensable qu'on sache également, c'est que le traitement devra durer parfois jusqu'à trois ans et plus.

Le Dr Bordier, qui emploie contre cette affection le courant galvanique, a pu comparer les effets du traitement dans deux cas de paralysie infantile ayant frappé deux enfants à peu près du même âge : l'un d'eux avait été électrisé pendant quatre ans ; l'autre, pas du tout : tandis que le petit malade électrisé présentait une cuisse et une jambe peu différentes de celles de l'autre côté, comme volume et comme consistance ; qu'il pouvait marcher sans même boiter en portant seulement le pied en dehors, l'autre enfant, celui qui n'avait pas été soumis au traitement électrique, ne pouvait pas du tout marcher, si ce n'est qu'avec des béquilles qu'il ne quittait jamais ; de plus, sa cuisse et sa jambe étaient considérablement atrophiées, froides, et la difformité du pied était énorme ; le pied-bot était complètement constitué. (Bordier, *Précis d'électrothérapie*, 2e éd., p. 438.)

Je ne crois pas sans intérèt de mettre sous les yeux du lecteur deux observations qui me sont personnelles et qui prouveront qu'avec une belle obstination, aussi bien de la part des parents que de celle du médecin, on peut retirer du bain électro-statique les meilleurs résultats dans la paralysie infantile.

PREMIÈRE OBSERVATION (personnelle).

L. E..., deux ans et demi, née de parents vigoureux et bien portants, m'est amenée le 2 septembre 1896 ; elle n'a jamais marché.

Le membre inférieur droit est considérablement atrophié, sensiblement plus froid que le gauche. Impotence fonctionnelle complète de tous les groupes musculaires, à l'exception du jambier antérieur dont la contraction entraîne une certaine déviation du pied en dedans.

Circonférence de la cuisse droite au tiers moyen : 15 centimètres et demi, et du mollet droit, au tiers moyen : 12 centimètres.

Je préviens la famille que le traitement peut durer plusieurs années et je commence, avec la machine de Carré, une série de bains électro-statiques négatifs répétés deux fois par semaine. L'emploi de la franklinisation est ainsi continué pendant une année sans interruption.

En septembre 1897, une amélioration locale s'est produite d'une façon évidente. La température locale s'est élevée, l'atrophie a rétrocédé. Malheureusement, l'enfant contracte une rougeole compliquée de broncho-pneumonie assez grave, et je ne puis reprendre le traitement électrique qu'à la fin d'octobre, .

Je passe sur les détails pour arriver au résultat.

Le 1er juillet 1899, l'enfant, qui a cinq ans et quatre mois, se tient debout, marche presque normalement. À peine reste-t-il une légère déviation en dedans du pied droit.

A la mensuration, on trouve, à cette époque, pour la cuisse 22 centimètres et pour le mollet 17 centimètres.

MENSURATIONS COMPARÉES

	2 septembre 1896.	1er juillet 1899.
Cuisse.......	$0^m15\ 1/2$	0^m22
Mollet........	0^m12	0^m17

Deuxième observation (Personnelle).

A. L..., trois ans, m'est envoyé le 15 juin 1903 par le Dr Robert Simon. Ce petit garçon est superbe d'aspect, mais je constate chez lui une paralysie infantile du membre inférieur gauche. Il n'a jamais marché et se traîne par terre, en s'aidant des deux mains et du genou droit qui, d'ailleurs, est ankylosé en demi-flexion.

La cuisse gauche mesurée au tiers moyen a une circonférence de 19 centimètres et demi ; le mollet mesure 14 centimètres. Les muscles sont atrophiés ; la température locale abaissée. Déformation du pied gauche qui est dévié en dehors.

Le 15 juin, premier bain électro-statique négatif de cinq minutes renouvelé deux ou trois fois par semaine sans interruption avec la machine à grande surface. L'amélioration est lente, mais manifeste. Le membre malade se réchauffe. Dès le commencement de mars 1904, l'enfant se tient debout à la condition d'avoir un point d'appui dorsal à cause de l'attitude vicieuse du genou droit qui n'a pas encore complètement cédé aux massages et aux mouvements passifs.

Quand le membre inférieur droit pourra s'étendre complètement, les progrès seront plus rapides. Le traitement sera continué aussi longtemps qu'il le faudra pour arriver à la guérison qui n'est pas douteuse.

MENSURATIONS COMPARÉES

	15 juin 1903.	6 février 1904.
Cuisse	0^m19 1/2	0^m25
Mollet	0^m14	0^m17 1/2

Enfants arriérés. — L'électrisation franklinienne a une action des plus sérieuses sur les enfants arriérés ou anormaux, même chez les imbéciles.

Dans le numéro de l'*Echo médical de Lyon* du 15 septembre 1897, M. Frestier rapporte plusieurs observations d'enfants sensiblement améliorés par ce procédé. Guimbail n'hésite pas à déclarer « qu'il y a là un moyen de tonifier la cérébration, d'améliorer la tension artérielle toujours troublée, de diminuer la fonction de réflectivité chez ces enfants et que ce traitement est, pour le moins, logique, car il s'adresse favorablement au trépied fondamental sur lequel est assise l'insuffisance des fonctions intellectuelles générales, des processus nutritifs et volontaires ».

c) **Système nerveux périphérique.** —Le 27
septembre 1891, le Dr R. Vigouroux a déclaré
au Congrès d'électrothérapie de Francfort
que, dans les affections nerveuses périphé-
riques, on devait apporter plus d'importance
qu'on ne l'avait fait jusqu'alors au traitement général. En effet, tous ces individus
atteints de paralysies radiales, faciales, etc.,
qu'on considère comme des affections purement accidentelles sont, en réalité, atteints
profondément. Ce sont des névropathes, des
arthritiques. Beaucoup ont une véritable pré-
disposition aux affections du même genre et
sont frappés pour la deuxième ou troisième
fois ; ou bien ils présentent d'autres manifestations diathésiques. Il y a donc intérêt à
s'occuper de leur état général et l'électricité
statique est le moyen qui répond au plus
grand nombre d'indications.

1° *Dans toutes les névralgies,* on peut obtenir par le souffle électrique et les aigrettes
les résultats les plus encourageants. Ici,
l'électricité a une action décongestionnante
des plus sédatives.

De quelque nature que soit la névralgie,
ma manière de procéder est toujours la

même : je soumets le malade au bain électrostatique positif et je promène l'excitateur
à boule rectanguleuse, de manière à effluver
vigoureusement et négativement tout le ter-
ritoire douloureux pendant dix, quinze et
même vingt minutes. Dans certaines névralgies sciatiques, j'ai même fait durer la
séance une demi-heure en ayant toujours
soin d'arrêter dès l'apparition de sueurs
palmaires ou frontales.

En 1898, le Dr Albert-Weil a publié dans la
France médicale une observation d'une dame
atteinte de névralgie très violente du plexus
cervico-brachial que quelques séances de
galvanisation de haute intensité n'avaient
pas soulagé et qui fut guérie en très peu de
temps par des étincelles appliquées sur la
région douloureuse et combinées avec le
bain électro-statique.

Cet éminent confrère a décrit au Congrès
de Boulogne en 1899 les premiers résultats
obtenus par lui dans le traitement des névralgies par l'application des courants frankliniques induits à l'aide de son rhéostat
dont nous avons parlé et d'une électrode à
fourreau dont il est l'inventeur.

Le plus souvent, les névralgies rebelles

étant sous la dépendance de l'arthritisme, la franklinisation doit retrouver ici toute sa supériorité. C'est une façon rationnelle d'obéir aux indications provenant de l'état général.

R. Vigouroux recommande de se rendre compte de l'état de la nutrition par l'analyse de l'urine et de régler, en conséquence, l'alimentation et l'hygiène avec l'électrisation statique comme tonique et stimulant de la nutrition. Il insiste sur ce point que lorsqu'on veut motiver une intervention chirurgicale dans un cas de névralgie, on n'est pas en droit de déclarer qne tous les moyens médicaux ont échoué tant qu'on n'a pas procédé méthodiquement comme il vient d'être dit.

En général, le traitement réussit d'autant mieux que la névralgie est plus récente. Il ne faudra donc pas s'étonner si l'on est obligé de donner un nombre assez grand de séances à des névralgies anciennes pour lesquelles on est consulté tardivement.

Un médecin russe, M. le Dr G. Gatchkovsky (de Rabinsk), aurait constaté, d'après Guimbail, que les *douleurs dentaires* sont rapidement atténuées par le vent électrique qu'on obtient en dirigeant la pointe de l'excitateur sur la dent douloureuse pendant que le malade isolé est soumis au bain électro-statique. Non seulement la franklinisation calmerait les odontalgies nerveuses, mais aussi celles qui tiennent à une pulpite ou à une périostite. La douleur diminuerait sensiblement après deux ou trois minutes d'application pour disparaître tout à fait après cinq à six minutes. Si la douleur reparaît, c'est toujours avec moins d'intensité que précédemment ; d'ailleurs, elle cède définitivement à quelques nouvelles séances de dix minutes.

Sur 76 cas ainsi traités, le Dr Gatchkovsky n'aurait échoué que trois fois. Il a constamment observé une décongestion des gencives, se traduisant par une pâleur très manifeste en même temps que disparaissait l'odontalgie.

Mais il est bon de retenir que si, dans les *névralgies trifaciales, dentaires, intercostales* ou du *plexus brachial*, on obtient en général d'assez rapides résultats, il n'en est pas de même dans la *névralgie sciatique* dont le traitement exige assez souvent des semaines et des mois.

Quoique la plupart des auteurs emploient, de préférence, pour ces affections le courant galvanique, je dois déclarer que je n'ai aucune raison personnelle pour reconnaître à cette modalité électrique une supériorité, dans l'espèce, sur la franklinisation.

On comprend que si une névralgie de nature diathésique, nerveuse ou inflammatoire est facilement guérie par l'électricité statique, tous les moyens échoueront dans le cas où on aura affaire à une douleur produite par le développement d'un névrôme ou produite par la compression d'une tumeur. Dans ces derniers cas, on devra tout d'abord faire cesser la cause de la maladie dont la douleur n'est qu'un symptôme. L'électricité sera ensuite de la plus grande utilité pour régulariser la fonction des nerfs précédemment comprimés et remonter l'état général.

Quant aux névralgies reconnaissant l'anémie pour cause, on comprendra que le bain électrique et l'ozone inhalé, en rendant au sang ses propriétés physiologiques normales, les fassent disparaître, en même temps que l'anémie elle-même.

PREMIÈRE OBSERVATION (Dr Paul Vigouroux).

Névralgie faciale. — Surdité.

Mlle B... est habituellement d'une bonne
santé et n'a jamais eu de maladie sérieuse.
Sa seule préoccupation, qui est devenue un
véritable supplice, est une névralgie faciale
qui la fait souffrir depuis dix ans à des intervalles très rapprochés. Cette demoiselle
est d'un tempérament très nerveux et la
moindre contrariété, la plus petite émotion,
deviennent pour elle la cause immédiate
d'une crise douloureuse. L'approche d'un
orage produit chez elle le même effet et elle
nous a raconté que souvent, dans ces cas,
elle est obligée de prendre le lit, en proie à
de violentes douleurs.

La névralgie porte principalement du côté
droit et les points douloureux sont les points
stylo-mastoïdien, temporal et sus-orbitaire.
Les crises ont amené par leur fréquence une
surdité presque complète du côté droit et
l'oreille gauche est également un peu dure.

Notre malade habitait Nancy avant la
guerre et fut traitée à cette époque pour cette
névralgie par des moyens qui n'ont produit

aucun effet. Le sulfate de quinine, entre autres médicaments, fut employé souvent sans résultat.

C'est dans ces conditions que, le 15 août 1878, nous fûmes appelé auprès d'elle. Depuis deux jours, nous dit-elle, elle était en proie à une crise des plus violentes et ne pouvait avoir un moment de repos. Elle avait pris du sulfate de quinine qu'elle s'était procuré à l'aide d'une ancienne ordonnance de son médecin de Nancy, et cela sans résultat. Ceci est un fait à noter : elle avait pris ce sulfate de quinine le premier et le second jour et on devrait penser qu'on aurait dû obtenir un effet satisfaisant, vu l'apparence intermittente de l'accès. En effet, quoique la douleur fût constante, il y avait néanmoins une heure dans la journée où cette douleur s'exagérait. Cependant, le troisième jour, cette exaspération eut encore lieu à la même heure exactement. Le matin même de ce troisième jour une dose de quinine avait encore été prise. Je lui proposai alors notre électricité statique qu'elle accepta avec empressement et, le jour même, nous commençâmes le traitement.

15 avril. — Nous employâmes le bain pendant quelques minutes, puis le souffle et les aigrettes, puis, enfin, quelques petites étincelles très fines, au niveau des points les plus douloureux.

Notre malade souffrait beaucoup en arrivant dans notre cabinet et elle partit ne ressentant plus aucune douleur.

Nous l'avertîmes alors qu'il était possible que, dans la soirée, les douleurs puissent se manifester de nouveau et qu'il ne fallait pas s'en tenir à une seule séance.

16 avril. — Les douleurs ont reparu dans la soirée, mais avec une intensité beaucoup moins forte. Nous ordonnons le même traitement que la veille; la douleur qui existait encore, quoique faible au début de la séance, disparut totalement pendant l'application de l'électricité ainsi que le jour précédent.

17 avril. — Pas de séance.

18 avril. — La névralgie n'a pas reparu depuis la dernière séance, et notre malade nous dit qu'elle vient continuer seulement pour suivre notre conseil, mais qu'elle n'en éprouve pas le besoin. Pendant huit jours consécutifs le traitement électrique fut appliqué; les douleurs ne se manifestèrent pas une seule fois...

Cependant, au mois de mars suivant, c'est-à-dire onze mois après, une crise nouvelle se manifesta et, sans attendre, la malade eut recours à notre traitement. La douleur était moins vive que dans les anciennes crises et la guérison fut complète en quelques séances.

Ainsi, cette malade depuis dix ans ne pouvait avoir huit jours de repos et au bout de peu de séances d'électricité statique, elle obtint onze mois de tranquillité.

Il est indubitable que si, dès le début, la malade avait bien voulu continuer plus longtemps son traitement, la guérison eût été définitive. Quoi qu'il en soit, l'électricité statique a produit, dans ce cas, l'effet qu'elle produit toujours.

DEUXIÈME OBSERVATION
(Dr Paul Vigouroux).

Névralgie faciale.

Mme L..., âgée de quarante-sept ans, souffre depuis longtemps d'une névralgie intense de la face. Cette névralgie est localisée à la région sus-orbitaire du côté gauche et revient par accès très rapprochés, pendant lesquels la douleur est des plus atroces.

Mme L... a été déjà soignée par les moyens les plus variés pour cette affection, et quels que soient les procédés mis en usage, les crises duraient au moins un mois. Elle vint suivre notre traitement le 19 juin 1876. Au moment où Mme L... entrait dans notre cabinet, elle souffrait énormément. Nous employons alors le souffle et quelques petites étincelles, et au bout de dix minutes, notre malade repartait chez elle sans éprouver la moindre douleur.

Pour la première fois depuis quinze jours, la malade dormit toute la nuit.

Le matin les douleurs reparurent; nous continuons le traitement. Le même effet que celui de la veille se produit, et, pour affirmer la guérison, nous continuons les électrisations.

Au bout de dix jours, notre malade était complètement guérie.

Nous avons revu Mme L... maintes fois depuis, et encore l'année dernière, la névralgie n'avait pas reparu pendant quatre ans. Nous sommes donc autorisé à considérer la guérison comme définitive.

Troisième observation
(Dr Paul Vigouroux).

Névralgie faciale.

Mlle M..., vingt-deux ans, nous fait demander le 29 juin 1878, étant en proie à une crise de névralgie faciale du côté droit. La crise est des plus violentes, et c'est la première atteinte qu'ait jamais éprouvée cette jeune fille. Nous l'électrisons dans la journée : après cinq minutes d'application du souffle, la douleur disparaît.

Malgré nos conseils, Mlle M... ne vient pas, les jours suivants, continuer le traitement commencé.

Nous avons revu notre malade un an et demi après, aucune névralgie n'avait reparu.

On peut tirer une conclusion pratique de la lecture des trois observations précédentes. La première malade souffre depuis dix ans. Le traitement n'ayant pas été suffisamment prolongé, il y a eu récidive.

La seconde malade souffre depuis trois ans, la guérison définitive est obtenue sans récidive par le traitement qui a été appliqué à la première.

La troisième observation relate le cas d'une jeune fille souffrant depuis quelques heures : cinq minutes suffisent pour la débarrasser.

Ces faits prouvent péremptoirement que chaque fois qu'on voudra obtenir par l'électricité statique la guérison d'une névralgie, on ne devra pas se contenter de faire disparaître momentanément le symptôme douleur. Il faudra, au contraire, continuer le traitement pendant un certain temps; ils prouvent aussi que ce traitement devra être d'autant plus long que la maladie sera de date plus ancienne.

2° Les *névrites* se révèlent par trois caractères principaux : 1° troubles de la sensibilité; 2° troubles dans la motilité; 3° troubles trophiques.

Le plus souvent, les névrites sont occasionnées par des traumatismes ou par des intoxications.

Quelle qu'en soit la cause, on devra bien se garder, pour les raisons énumérées plus haut, de s'attaquer aux lésions locales. Il y a, au contraire, un grand intérêt à porter son attention sur la santé générale des sujets qui laisse toujours à désirer (satur-

nisme, goutte, dyspepsie, alcoolisme, etc.).
En dehors du régime et d'une hygiène
sévères, c'est encore au bain électro-statique
exclusivement qu'on devra avoir recours.

Névrite sciatique. — Il est important d'é-
tablir un diagnostic précis et de ne pas con-
fondre la névrite sciatique avec la névralgie.

Dans cette dernière affection, la motilité,
la température, les réactions électriques du
membre malade ne sont en rien modifiées,
tandis que, dans la névrite, on trouve des
modifications plus ou moins accusées.

L'atrophie musculaire commence d'ordinaire à se manifester quelque temps après
l'apparition des douleurs éprouvées par le
malade sur le trajet du nerf sciatique.

Quant au traitement, il consistera surtout
en bains électro-statiques négatifs de cinq à
dix minutes, répétés deux fois par semaine
jusqu'à disparition de l'atrophie musculaire,
de l'élément douleur et retour de la liberté
des mouvements.

OBSERVATION (personnelle)

Névrite sciatique double.
Atrophie musculaire. — Guérison.

Mlle M..., cinquante-six ans, demeurant à

Paris, m'est adressée le 18 décembre 1903 par le Dr Robert-Simon.

La malade a fait une chute en mai 1898. Elle est tombée de tout son long sur le côté gauche. Elle ne s'inquiéta pas tout d'abord de cet accident. Elle a commencé par souffrir de douleurs dans la fesse et tout le membre inférieur gauche, puis, au bout de quelque temps, il lui sembla que ce membre devenait lourd et se paralysait. Elle était dans cet état lorsque, en août 1898, deux amies, quittant Paris, la chargèrent de faire déménager leur hôtel. A la suite de cet excès de fatigue, les douleurs devinrent de jour en jour plus vives ; en décembre elles étaient très aiguës et, en avril 1899, elles devinrent tellement intolérables que la malade dut s'aliter. Elle garde le lit complètement jusqu'en juillet. A cette époque, un peu de mieux s'étant manifesté, elle peut s'étendre un instant tous les jours sur une chaise longue. Une nouvelle secousse qu'elle éprouve en s'installant sur cette chaise, condamne de nouveau la malade au lit jusqu'à fin décembre 1899. A partir de ce moment, elle peut faire quelques pas. Elle sort deux fois en juin 1900 ; on la porte dans l'escalier et jusqu'à la voiture. Puis elle garde à nouveau la chambre jusqu'à la fin de l'été. En novembre 1901, elle peut faire quelques pas avec une béquille et une canne. État stationnaire jusqu'en 1902. A cette époque, les douleurs augmentent dans la jambe gauche et persistent jusqu'en octobre 1903. A cette époque, la malade a la mauvaise chance de faire une nouvelle chute, cette fois sur le côté droit.

C'est alors qu'elle fut prise de douleurs dans le membre inférieur droit et qu'elle me fut envoyée par son médecin traitant.

A l'examen fait le 18 décembre 1903, je constate une atrophie considérable des muscles de la jambe et du pied gauches ; la température est abaissée de ce côté ; la marche est difficile et la malade peut à peine se tenir debout. Douleurs irradiées dans les deux membres inférieurs, dans la région sacro-iliaque à droite et, des deux côtés, dans les régions fessières et péronières.

Je conseille les bains électro-statiques négatifs de cinq minutes pour commencer, à répéter deux fois par semaine sans interruption, et nous instituons le traitement séance tenante.

L'amélioration ne tarde pas à se manifester du côté des douleurs qui abandonnent d'abord le côté droit pour se montrer plus résistantes à gauche.

De ce côté, la température se relève. Dès le 15 janvier, l'atrophie entre manifestement en voie d'amélioration, aussi la marche devient-elle plus facile.

Le 15 mars, après vingt-six séances, les douleurs sont à peine perceptibles de loin en loin ; la malade peut faire une assez longue promenade et se tenir debout sans fatigue.

Nous marchons rapidement vers la guérison. Je ne cesserai, du reste, le traitement que quand ce résultat sera obtenu. La durée des bains électro-statiques a été portée à dix minutes à partir du 15 janvier.

Paralysie saturnine. — L'intoxication saturnine est des plus faciles à reconnaître : le liséré des gencives, l'aspect cachectique des malades, les coliques de plomb avec constipation opiniâtre sont autant de symptômes trop connus pour qu'il soit besoin d'y insister.

Dans la paralysie occasionnée par le plomb, on n'observe, en général, aucun trouble de la sensibilité, mais l'atrophie musculaire apparaît rapidement.

Le plus ordinairement, cette paralysie se localise aux muscles extenseurs des doigts.

Le traitement électrique doit être le même que pour la névrite sciatique. L'électricité statique favorise la nutrition et facilite le mouvement de désassimilation.

L'analyse des urines qui, au moment où le traitement est institué, ne décèle aucune trace de plomb, en révèle après quatre ou cinq séances des quantités appréciables. On est tout étonné de voir au bout de quelque temps le liséré gingival disparaître, les fonctions intestinales se régulariser et l'impotence fonctionnelle rétrocéder sans intervention thérapeutique d'aucune autre nature.

La durée moyenne du traitement est de quatre à cinq mois.

3. — Maladies du système musculaire.

Atrophies musculaires. — Dans l'atrophie musculaire, le nombre de fibrilles devient inférieur à la normale, et c'est à ramener les choses à l'état physiologique que doivent tendre les traitements institués. On conseille souvent le massage à tort et à travers, sans réfléchir que, pour que la vitalité d'un muscle malade soit excitée, il faut que la circulation soit activée, qu'il y ait dépense d'oxygène et surproduction d'acide carbonique dans le muscle. Il pourra donc être quelquefois utile de provoquer à l'aide de l'étincelle la contraction de muscles atteints d'atrophie consécutive à la myosite rhumatismale par exemple ou à la myopathie progressive. Mais, en général, et comme le dit le Dr R. Vigouroux, *il ne faut pas électriser localement* (c'est-à-dire provoquer la contraction musculaire) *dans les atrophies soit dégénératives, soit spasmodiques.*

En traitant indistinctement toutes les atrophies par l'électrisation locale à outrance, on se prépare des déceptions et on s'expose à accélérer et à rendre définitives des atrophies musculaires très curables.

C'est donc, le plus souvent, au bain électro-statique qu'on devra avoir recours. Son action bien connue sur la nutrition, la circulation et la température, aidera puissamment la *restitutio ad integrum* des fibres musculaires dans le muscle atrophié. On répétera

les séances tous les deux ou trois jours en
les faisant durer cinq à dix minutes. On re-
liera le tabouret isolant au pôle positif de la
machine.

Les *atrophies traumatiques* sont très favorablement influencées par la franklinisation.
On peut, dans ces atrophies, obtenir la guérison certaine en quelques semaines, quelques mois au plus.

Dans les atrophies dues à l'immobilisation
prolongée d'un membre pour le traitement
d'une luxation et surtout d'une fracture,
l'électrisation produira les meilleurs résultats. On verra rapidement les muscles revenir à leur volume normal et reprendre leur
force primitive.

On pourra, sans inconvénient ici, utiliser
les étincelles négatives associées au bain
électro-statique positif, en ayant soin de
procéder avec méthode et sans excès.

Dans l'atrophie musculaire progressive,
on pourra, comme je l'ai déjà dit, associer le
bain avec l'électrisation localisée et obtenir
un semblant de succès en restaurant indivi-
duellement certains muscles, mais on n'arrivera pas à enrayer la marche de la dystro-
phie et, quoi qu'on fasse, on n'obtiendra

jamais de brillants résultats thérapeutiques.

Torticolis. — Dans cette affection, ce sont ordinairement le sterno-mastoïdien et le trapèze qui sont en cause. Des frictions électriques positives associées au bain négatif et répétées cinq à six fois de minute en minute, pour laisser au malade un répit nécessaire, produisent des résultats très favorables et rapides ; mais, comme il est indispensable de ne pas provoquer de contractions des muscles endoloris, il faut avoir soin d'envelopper la boule excitatrice de plusieurs épaisseurs de flanelle. On obtient ainsi une révulsion cutanée intense.

Lumbago. — Lorsque cette affection est prise au début, les résultats obtenus par les frictions associées aux étincelles tiennent quelquefois du prodige. Dans tous les cas, par cette méthode, l'amélioration est constante et rapide. Les étincelles sont appliquées directement sur les points douloureux ; elles doivent être longues et bien nourries. La séance doit durer dix, quinze, quelquefois vingt minutes. Elle est très désagréable pour le patient qui se plaint, crie et s'agite. On doit, malgré tout, continuer sans tenir compte des récriminations du malade, mais en le laissant souffler toutes les deux minutes environ.

Il est exceptionnel qu'après une première application du traitement, le malade ne puisse pas marcher librement ; une seconde application faite, le jour même, quelques heures après la première, consolide la guérison dans le cas où la première n'aurait pas suffi.

Les choses se passent presque toujours ainsi dans les formes récentes de l'affection ; lorsque, au contraire, le lumbago remonte à quelques jours, on procédera par séances quotidiennes de vingt à trente minutes et la guérison sera obtenue en une semaine au maximum.

4. — Maladies de l'appareil digestif.

L'*asthénie du pharynx*, les *spasmes et contractures de l'œsophage* sont heureusement modifiés par la franklinisation sous forme de bain électrique. Les résultats sont très vraisemblablement dus à l'influence du traitement sur l'état général.

Paralysie du voile du palais. — Cette affection se révèle en général par une voix nasillarde, le passage des liquides par le nez au moment de la déglutition et par l'impossibilité de prononcer certaines lettres.

Pour attaquer utilement cette paralysie, il faut se souvenir que le spinal est un nerf mixte, composé de deux branches : une externe se distribuant au trapèze et au sterno-mastoïdien, l'autre interne, s'irradiant dans le voile du palais qu'elle innerve. Il est facile, à l'aide des étincelles statiques dont l'action est superficielle, d'exciter la branche interne du spinal en irritant vigoureusement les terminaisons sensitives dans la peau de cette région.

J'ai obtenu par cette méthode, à l'aide de trois séances d'étincelles positives de dix minutes associées avec le bain négatif, la guérison radicale d'une *paralysie diphtéritique* du voile du palais, chez un enfant de onze ans.

Bordier rapporte que ce traitement a été appliqué par C. Negro, privat-docent de neurologie, à la faculté de médecine de Turin, dans un cas de paralysie du voile du palais, présenté par un tabétique qui fut pris brusquement des symptômes de cette affection : sa voix devint nasonnée, et les liquides qu'il buvait étaient rejetés par les narines. La moitié gauche du voile était complètement paralysée ; comme le trouble moteur était limité, il ne s'agissait pas de lésion bulbaire mais d'une névrite localisée.

Par l'application des excitations statiques au niveau des muscles sterno-mastoïdiens et trapèze du côté gauche, le malade guérit rapidement, après six séances de franklinisation de dix minutes de durée. (Négro, *Sem. méd.*, 20 avril 1898.)

Dilatation de l'estomac. — Nous n'envisageons ici que l'affection attribuée par Bouchard à une débilité primitive de la fibre musculaire lisse. On retrouve chez les malades atteints de dilatation de l'estomac, la même tendance de la fibre lisse à se laisser dilater dans l'épaisseur des tuniques veineuses. Aussi est-il exceptionnel de rencontrer un dilaté gastrique non variqueux.

On reconnaît que la dilatation vraie existe lorsque le malade étant étendu horizontalement, le matin avant d'avoir rien pris, on constate le clapotage au-dessous du milieu de la ligne la plus courte allant de l'ombilic au rebord des fausses côtes gauches (Bordier).

La dilatation de Bouchard est plutôt faible et peu accentuée ; elle n'atteint presque jamais les grandes dimensions de celles qui sont dues à un rétrécissement du pylore.

On peut mesurer l'étendue de l'estomac par la percussion, en procédant avec méthode ; on percute d'abord la base du thorax en allant du poumon vers l'estomac dont la limite supérieure se trouve ainsi déterminée. Puis on procède en sens inverse en allant de l'abdomen vers l'estomac dont la limite inférieure se trouve indiquée par la ligne de sonorité de l'intestin.

Un estomac normal mesure verticalement de 11 à 14 centimètres chez l'homme et 10 centimètres chez la femme ; horizontalement 21 centimètres chez le premier et 18 centimètres chez la seconde.

Lorsque les fibres musculaires lisses de l'estomac se sont laissé distendre outre mesure, le pneumogastrique perd ses droits et l'organe ne se contracte plus. De cette atonie il résulte une diminution des mouvements péristaltiques, des fermentations toxiques se produisent parce que le suc gastrique n'imprègne plus la totalité des aliments. En réalité, on est aux prises avec une véritable paralysie musculaire contre laquelle il faut réagir.

Ce que nous avons dit de l'action physiologique des courants statiques induits sur les muscles profonds, doit nous éclairer sur le mode de traitement électrique à instituer contre l'impotence fonctionnelle des fibres lisses de l'estomac.

Les estomacs dilatés sont constamment distendus par des gaz provenant de fermentations alimentaires. Dans ces conditions, ils doivent être facilement influencés par les excitations hertziennes. C'est d'ailleurs ce qui est démontré par la pratique.

Voici comment Bordier conseille d'appliquer le traitement :

Le malade étant assis sur une chaise ou un fauteuil placé près de la machine statique, met à nu la région épigastrique. On dispose la machine pour produire la franklinisation hertzienne et l'on relie l'excitateur à boule à l'armature externe de la bouteille de Leyde suspendue au pôle positif de la machine, pendant que la chaîne de l'autre armature traîne sur le sol.

On règle la vitesse de rotation des plateaux et l'écartement des boules polaires de manière à produire par seconde sept à huit étincelles de 10 à 15 centimètres. Il se produit de vigoureuses contractions avec sensation de choc profond. Parfois même, de bruyantes éructations se produisent pendant la séance.

L'excitateur devra être appuyé sur la surface cutanée sur trois points spéciaux : 1° Au milieu, un peu au-dessus de l'ombilic ; 2° à gauche, à 5 centimètres et légèrement au-dessus d'une ligne horizontale passant par l'ombilic ; 3° enfin tout à fait à gauche, au-dessus de l'épine iliaque antérieure.

Si l'on veut obtenir une action vraiment efficace, les séances devront durer vingt minutes et être renouvelées tous les deux jours au moins.

Il faut ordinairement compter sur un traitement d'un mois ou deux pour obtenir le résultat désiré.

Dans les cas invétérés, chez les sujets ayant dépassé l'âge moyen, on fera bien de reprendre une série de séances après un intervalle de quelques semaines pour parfaire la guérison. Trente-cinq à quarante jours au contraire suffisent, chez les malades jeunes, à ramener l'estomac à son état normal.

J'ai eu, tout récemment, la bonne fortune de voir disparaître en six semaines, après trente-deux séances, une dilatation gastrique très accentuée chez un homme de trente-quatre ans. Chez ce sujet, lorsque je l'ai examiné pour la première fois, la grande courbure de l'estomac descendait à un travers de doigt au-dessous de l'ombilic. A la fin du traitement, cette même courbure était remontée de 8 centimètres.

Je dois déclarer que, chez ce malade, j'ai dû employer l'excitateur relié à l'armature externe de la bouteille de Léyde suspendue au pôle négatif de la machine. L'usage de l'autre pôle produisant une impression douloureuse insupportable en face de laquelle, malgré tout son bon vouloir, le malade voulait renoncer au traitement.

M. Régnier s'est servi utilement du courant statique induit contre la dilatation habituelle de l'estomac. Guimbail l'a, de son côté, appliqué à différentes reprises avec succès. Il possède plusieurs observations de guérison rapide n'ayant pas exigé plus de dix à dix-huit séances répétées tous les jours.

Dyspepsie nervo-motrice. — Dans cette

affection, les malades accusent une pesanteur constante au creux de l'estomac, quelquefois même une douleur sourde en sortant de table. L'estomac et l'abdomen sont ballonnés. Des éructations fréquentes et sonores se produisent. Les vêtements sont desserrés pour faciliter la respiration qui, sans cette précaution, est constamment pénible, la face est congestionnée, la tête lourde, l'intelligence obtuse. Il n'est pas rare de rencontrer de la constipation et des hémorrhoïdes.

En même temps, se produisent des phénomènes névropathiques tels que battements aux tempes, sensation d'une boule roulant dans la boîte cranienne à chaque mouvement de la tête. L'hypocondrie, l'apathie, la peur, la préoccupation constante complètent la série symptomatique.

On comprendra que, chez ces malades, le traitement doit être à la fois général et local.

On arrivera à modifier l'état névropathique par le bain électro-statique simple comme dans la neurasthénie. Lorsque le bain restera sans action sur les troubles gastriques, on cherchera à combattre localement l'impuissance des fibres lisses de l'estomac, à chasser vers l'intestin grêle le contenu de sa cavité. La première indication sera donc de stimuler ces fibres avec la franklinisation hertzienne comme dans la dilatation de Bouchard.

Les effets de la franklinisation hertzienne sont faciles à constater si l'on a soin de mesurer de temps en temps les limites de la sonorité de l'estomac. Dans un assez grand nombre de cas, Bordier a constaté que de 18 centimètres qu'elle possédait en hauteur, cette sonorité arrive assez vite à être réduite à 14 ou 15 centimètres.

Paresse de l'intestin. Constipation. — La constipation habituelle est heureusement modifiée par le bain électro-statique combiné avec les étincelles dirigées sur la fosse iliaque gauche. J'ai obtenu les meilleurs résultats à l'aide de ce procédé.

Quand on veut soigner utilement la constipation, il ne faut pas perdre de vue la cause qui la provoque. Il s'agit, le plus souvent, d'un mauvais fonctionnement de l'estomac. Il y aura donc utilité à rechercher soit la dilatation, soit l'atonie gastrique dont nous connaissons le traitement.

Pour la constipation qui est également

due à une paresse des fibres lisses de l'intestin, Bordier conseille la franklinisation hertzienne.

Il l'emploie : 1° en applications abdominales ; 2° en applications intra-rectales.

1° *Applications abdominales*. — Étant donné que les constipés présenteront presque toujours de la dilatation gastrique, ou de la dyspepsie neuro-motrice, on agira, dans la même séance, et sur l'estomac et sur l'intestin.

Pendant dix minutes, on dirigera l'excitation sur la fosse iliaque gauche en choisissant les points où les muscles se contractent le mieux.

La constipation disparaîtra par ce procédé, à la condition que, dans la même séance, on consacre d'abord dix minutes à exciter les contractions profondes de l'estomac.

2° *Applications intra-rectales*. — Pour provoquer des variations de volume du rectum, à l'aide d'excitations internes, Bordier a imaginé un excitateur spécial composé d'une tige métallique isolée au moyen d'un tube creux d'ébonite et qui présente, à son extrémité libre, une région cylindrique arrondie d'un centimètre de diamètre. Un crochet fixé à l'autre extrémité sur une boule métallique commune à la tige conductrice et au manche isolant, permet d'accrocher facilement la chaîne de l'armature externe de la bouteille de Leyde suspendue au pôle positif de la machine. Le manche en ébonite, incliné à 70° environ sur la tige, permet au malade de tenir l'appareil pendant l'électrisation.

Le malade est étendu sur une chaise longue ou placé à genoux, à côté de la machine statique. L'excitateur dont le bout a été vaseliné, est introduit très facilement dans le rectum, puis la chaîne est accrochée à la boucle fixée au talon de l'instrument. Le malade tient l'excitateur par le manche d'ébonite et, pendant que les étincelles jaillissent entre les boules polaires, l'excitateur est enfoncé, puis retiré de manière à répartir les excitations statiques induites sur les différents points du rectum.

La sensation éprouvée est sourde avec des coups très nets. Les séances durent un quart d'heure et sont, en général, bien supportées.

Quoi qu'il en soit et quoique l'application

intra-rectale ne soit guère compliquée, on ne devra y avoir recours que quand les applications abdominales, simples d'abord, puis hertziennes, n'auront pas donné le résultat qu'on était en droit d'en attendre.

5. — Maladies de l'appareil respiratoire.

Fatigue vocale. — Le 5 avril 1897, Messieurs Moutier et Granier ont communiqué à l'Académie des sciences le résultat de leurs recherches sur l'électricité statique dans ses rapports avec l'organe de la phonation.

Ils arrivent à cette conclusion que la franklinisation appliquée sous forme de bain statique au cours duquel on fait respirer au sujet isolé sur le tabouret, l'effluve dégagé au niveau de la bouche et du nez, à l'aide d'un balai de chiendent, produit, après quelques séances, d'importantes modifications dans la voix.

Ces changements portent sur l'intensité, la hauteur et le timbre.

Guimbail signale ce fait que, sous l'influence de la charge statique, la respiration se modifie, les inspirations deviennent plus profondes et plus amples, tandis que l'expiration se fait plus également et dure plus longtemps. L'appui devient, pour le chanteur, plus fixe et plus solide ; l'essoufflement que produisent la multiplicité et la rapidité des inspirations dans certains morceaux de chant, est très diminué et devient presque nul. Ce résultat général doit être attribué au bain statique lui-même, tandis que les modifications de hauteur, de timbre, d'intensité de la voix, proprement dites doivent être rapportées à l'action directe de l'ozone à l'état naissant sur le larynx.

Aphonie nerveuse. — Cette maladie pourrait être rangée parmi les manifestations possibles de l'hystérie, et la notion de ce fait suffit largement à justifier l'intervention du bain électro-statique chez les sujets qui en sont atteints. Il est bon, néanmoins, d'associer le bain avec la méthode percutanée et les étincelles amènent alors les meilleurs résultats comme le démontre l'observation qu'on va lire, publiée par M. Laborie dans les *Archives d'Electricité médicale*, 1894, p. 158.

Observation (Laborie, d'après Bordier)

Marie B..., dix-neuf ans, manifestement hystérique, est adressée par M. Moure à la clinique électrothérapique... On constate que la malade ne peut faire entendre aucun son; le traitement statique lui est prescrit. On doit faire trois séances par semaine de cinq minutes chacune, pendant lesquelles on tirera des étincelles sur la région antérieure du cou.

1re séance, 5 janvier. — La malade a poussé un cri (Aïe!).

2e séance. — Avant l'électrisation on ne constate aucune amélioration. Pendant la séance, la malade arrive à prononcer quelques mots. Après, il semble que la voix est un peu plus forte.

3e séance. — La malade revient enchantée : elle peut causer et se faire entendre, mais les sons sont encore voilés.

4e séance. — L'amélioration augmente : la malade parle plus vite, les sons sont plus distincts, mais il lui est impossible de chanter. L'examen laryngoscopique montre que les cordes se rapprochent; il y a encore un peu de rougeur sur les bords.

5e séance. — Peu de changements depuis la dernière séance.

6e séance. — Etat général excellent, les sons sont presque complètement distincts; la parole est rapide.

7e séance. — La malade parle plus vite, mais elle tousse beaucoup : elle ne peut pas chanter. — La malade ne viendra plus qu'une fois par semaine.

8e séance. — Etat stationnaire : la malade parle clairement et distinctement.

9e séance. — A la voix on ne peut noter de différence avec l'état de la dernière séance. Le larynx est redevenu normal. Les cordes se rapprochent dans toute leur longueur.

10e séance 7 mars. — Rien à noter. La guérison est complète.

11e séance. — La malade vient de passer huit jours chez elle, à Arcachon. Son état est resté stationnaire. Durant tout son séjour, la toux nerveuse a complètement disparu. Elle est parvenue à chanter.

10 avril. — La guérison se maintient absolue.

Asthme nerveux. — La franklinisation est toujours utile et parfois curative dans l'asthme et les différentes affections des voies respiratoires pouvant se rattacher à l'arthritisme.

R. Vigouroux a vu un asthme très gênant et datant de l'enfance chez un sujet de trente ans, disparaître en quelques mois par l'électrisation statique et le régime.

L'observation qu'on va lire, ayant trait à une malade que j'ai traitée par les bains électro-statiques, est des plus concluantes. Je demeure convaincu que, dans ce cas, l'électricité a été puissamment aidée par l'ozone produit par la machine, et ma conviction est corroborée par ce fait que, dès le début du traitement, quand la patiente m'arrivait avec du spasme bronchique, cet état cédait en une ou deux minutes par la seule inhalation de l'air ozoné de mon cabinet et avant toute intervention électrique.

OBSERVATION (Personnelle).

Mme P..., quarante-deux ans, rentière, demeurant à Paris, mariée et mère de deux enfants bien portants.

Père eczémateux, mère rhumatisante.

Elle a eu une rougeole à l'âge de dix ans. A

seize ans, elle aurait souffert dans les genoux pendant huit ou dix jours à la suite d'un mal de gorge.

En 1889, elle a une légère atteinte de grippe à forme nasale et, une nuit, sans s'y attendre, elle a été prise pendant son sommeil d'un premier accès d'asthme qui s'est terminé au bout d'une demi-heure par l'expectoration de quelques crachats spumeux.

Depuis, les crises, d'abord très rares et nocturnes, survenaient dès la moindre apparition d'un coryza.

En 1892, 1893 et 1894, elle fait une saison au Mont-Dore et s'en trouve bien, mais dès que l'hiver revient, les mêmes accidents reparaissent.

Elle a habité successivement le centre de Paris, puis Saint-Germain, puis la Touraine; elle a passé deux hivers dans le Midi sans aucun profit.

Actuellement, elle habite près du parc Monceau et, malgré différents changements de domicile, depuis plus de quatre ans, elle est prise, toutes les deux nuits vers onze heures, d'une crise d'asthme qui la brise et contre laquelle elle en est réduite à se faire des piqûres d'héroïne, toutes les médications classiques étant demeurées sans effet.

C'est dans ces conditions qu'elle se présente à mon cabinet le 5 juin 1903.

Je conseille la franklinisation et nous commençons immédiatement, avec la machine de Carré, une série de bains électrostatiques négatifs de cinq minutes, à renouveler de trois en trois jours.

Le résultat ne se fait pas attendre et, dès le 15 juin, après le quatrième bain, les accès, au lieu de reparaître tous les deux jours, ne se manifestent plus que tous les cinq ou six jours.

Nous continuons le traitement jusqu'à la fin de juillet sans qu'une plus grande amélioration se produise.

Au mois d'août, la malade quitte Paris, et je la revois le 12 septembre.

Elle a eu 7 crises d'asthme en quarante-trois jours.

Nous reprenons les bains, cette fois avec la machine à grande surface.

Du 12 au 25 septembre, la malade n'a qu'une seule crise.

En octobre, pas de crise nocturne mais un accès diurne consécutif à une violente émotion.

Je cesse le traitement le 15 novembre.

La malade que j'ai revue au commencement de mars 1904, a passé un hiver excellent, sans retour offensif des crises d'asthme dont elle souffrait depuis quatorze ans.

Ce qui frappe dans cette observation, c'est la rapidité de la guérison dès qu'on fait intervenir la machine à grande surface.

Nous avons déjà observé des résultats analoges dans les deux observations de diabète et de rhumatisme chronique qu'on a lues précédemment.

Je possède trois autres observations d'asthmatiques guéris ou très considérablement améliorés par le même traitement, mais je n'ai jamais eu occasion d'électriser un malade pendant une crise.

Le Dᶜ Arthuis a vu l'accès s'arrêter « comme par enchantement » dès que le malade était soumis au bain électro-statique.

Le Dʳ Boucheron a eu occasion d'observer à plusieurs reprises que des malades électrisés pour des affections auriculaires ou oculaires, statiquement, par influence, à faible dose et peu de temps (V. Trouvé, *Electricité statique par influence*, p. 137), cessaient d'être oppressés, respiraient amplement et profondément, n'avaient plus, la nuit, la poitrine ronflante, dormaient naturellement et pouvaient ensuite monter sans difficulté ni oppression. La détente de la crispation thoracique se faisait à chaque séance, durait toute la nuit et, après quelques séances, se prolongeait plusieurs jours. Après un retour ultérieur de l'état asthmatique, l'électrisation statique par influence ramenait la même détente. Ces résultats ont été observés sans avoir été cherchés; ils se sont produits surtout chez des femmes.

Coqueluche. — Ce n'est pas à l'électricité statique proprement dite que nous devons avoir recours ici.

Cette maladie dont la contagion est bien démontrée est due à un micro-organisme, à un micrococcus, d'après les recherches de Letzerich.

Les malades présentent une adénopathie trachéo-bronchique, un état catarrhal plus ou moins intense des voies respiratoires supérieures avec légère hyperthermie qui contre-indique la franklinisation.

L'ozone ici est le médicament par excellence, il est de beaucoup supérieur à la plupart des autres agents thérapeutiques.

Le D' Bordier considère la machine statique comme un ozoneur illusoire. Je ne suis pas de son avis, tout au moins en ce qui concerne la machine à grande surface.

Je procède de la façon suivante : Les excitateurs polaires demeurant en contact, j'imprime, en enlevant les goupilles correspondantes, un quart de tour aux tiges porte-lames, de manière que chaque tête de vis de serrage se trouve placée en regard du bord libre de chaque plateau. Je mets la machine en marche et j'amorce indifféremment. Il se produit instantanément huit larges effluves du côté négatif. Quoique la quantité d'ozone mélangée à l'air n'ait pas été appréciée exactement, la proportion, dans la pièce où j'opère, est largement suffisante pour décomposer l'iodure du papier ioduré amidonné.

J'ai, d'ailleurs, obtenu au point de vue thérapeutique d'incontestables succès et des guérisons de coqueluches confirmées en vingt ou trente séances quotidiennes de dix minutes pour les enfants, d'une demi-heure pour les adultes.

Les malades sont libres de leurs mouvements et de leurs quintes ; ils peuvent rester assis, se mettre debout ou marcher dans la pièce où se trouve l'air ozonisé.

En juin 1892, le Dr Heller a publié dans la *Revue internationale d'électrothérapie* quatre cas de guérison rapide survenue chez des enfants atteints de coqueluche. Au bout de vingt-huit inhalations quotidiennes, ses malades ne toussaient plus du tout.

En 1892 également, le Dr Auguste Caillé, de New-York, a publié un travail sur la valeur thérapeutique de l'ozone dans les maladies de l'enfance. Il rapporte sept guérisons de coqueluche par l'ozone. Les améliorations furent manifestes, tant pour la violence que pour la fréquence des quintes, après les trois ou quatre premières inhalations. Le sommeil de la nuit était meilleur chez les enfants, et les tout petits s'endormaient après chaque séance.

Les Drs Derecq (d'Ormesson) et Doumer (de Lille), ont publié différentes observations de coqueluche traitées avec succès par la même méthode.

A la Société française d'Électrothérapie, MM. Labbé et Oudin ont communiqué une série d'observations analogues.

M. Labbé a repris la question au Congrès international de Paris en 1900 : d'après son mémoire, l'ozone modifie rapidement les quintes de toux de la coqueluche comme fréquence et comme intensité. La cyanose, l'angoisse respiratoire, disparaissent avec les vomissements. Les petits malades reprennent leur bonne mine et leur entrain ; mais il ne faut pas suspendre les inhalations deux jours de suite avant la guérison confirmée, si on ne veut pas voir les quintes reparaître avec toute leur violence.

Le Dr Vernay a communiqué au Congrès de l'Association pour l'avancement des sciences en 1900, des observations se rapportant à des adultes, et confirmant l'efficacité de l'ozone dans la coqueluche.

Le Dr Bordier publie les deux observations que nous rapportons ci-après, et qui convaincront les plus incrédules de la réelle efficacité de l'air ozonisé. Il s'agit de deux petites filles de trois ans et demi et de trois ans. La première avait été soumise à l'ozone le second jour de son entrée à l'hôpital de la Charité de Lyon, service du Dr Weill ; la seconde fut amenée avec sa petite camarade de salle, le jour même de son entrée.

Pour Mélanie L..., les accès spasmodiques remontaient à dix jours ; pour Marie D..., ils dataient de six jours.

Le nombre de quintes a été noté avec le plus grand soin. Chaque fois que l'ozone a été administré, on a placé en regard des jours et du nombre d'accès, les mots (ozone, 10 m.), pour indiquer que l'inhalation a été faite ce jour-là pendant dix minutes.

Mélanie L., 3 ans 6 mois.				Marie D., 3 ans.		
1ᵉʳ mai.	8		4 mai.	12 (ozone 10ᵐ).	
2 —	5 (ozone 10ᵐ).		5 —	18	
3 —	4		6 —	10	
4 —	6 (ozone 10ᵐ).		7 —	10	
5 —	3		8 —	11	
6 —	8		9 —	8 (ozone 10ᵐ).	
7 —	7		10 —	6	—
8 —	8		11 —	7	—
9 —	6 (ozone 10ᵐ).		12 —	5	—
10 —	5	—	13 —	6	
11 —	4	—	14 —	4	—
12 —	3	—	15 —	6	—
13 —	4	—	16 —	5	—
14 —	5	—	17 —	6	—
15 —	2	—	18 —	4	—
16 —	3	—	19 —	3	—
17 —	3	—	20 —	3	
18 —	4	—	21 —	2	—
19 —	5	—	22 —	3	—
20 —	6		23 —	2	—
21 —	4	—	24 —	2	
22 —	2	—	25 —	1	—
23 —	3	—	26 —	2	—
24 —	2		27 —	1	

Mélanie L., 3 ans, 6 mois.

25 mai.	2 (ozone 10ᵐ).
26 —	1 —
27 —	1
28 —	0 —
29 —	1
30 —	0 exeat.

(Guérison après dix-huit séances.)

Marie D., 3 ans.

| 28 mai. | 1 (ozone 10ᵐ). |
| 29 — | 0 exeat. |

(Guérison après dix-sept séances.)

Ces deux observations très sérieusement prises prouvent surabondamment que, dans la coqueluche dont la durée moyenne est, en général, de trois mois au mininum, l'air ozonisé en inhalations prime toute autre médication.

6. — Maladies de l'appareil circulatoire.

A la réflexion, on ne voit pas pourquoi l'électricité serait systématiquement contre-indiquée dans les maladies de l'appareil circulatoire. L'électricité statique, en stimulant la nutrition générale, peut avoir une action utile même sur le myocarde.

La **chlorose** et l'**anémie**, d'une façon générale, sont modifiées très avantageusement par le bain électro-statique.

Dès que la machine commence à fonctionner, dit le Dʳ Boudet, de Paris, le malade se trouve littéralement imprégné d'électricité et, comme de nouvelles doses d'électricité lui sont fournies au fur et à mesure de l'écoulement de celle-ci dans l'atmosphère ambiante, il est plongé dans une sorte d'effluve continu. L'action immédiate de cette sorte d'électrisation est naturellement généralisée et se porte sur tous les nerfs de la peau (nerfs sensibles et vasomoteurs). Cette action détermine des réactions internes qui sont d'un grand secours pour certaines affections générales. C'est ainsi que, chez tous les anémiques, on voit s'amender rapidement les symptômes de dépression ou d'hyperexcitabilité nerveuse, dès que les fonctions de la peau, excitées par le bain électrique, commencent à se régulariser.

Alors que les préparations ferrugineuses, le quinquina et toute la gamme des toniques n'avaient produit aucun résultat, alors même que les douches froides avaient été prises avec persévérance mais sans succès, le bain statique a guéri très fréquemment des femmes ou des jeunes filles très délicates, anémiées par les exigences de la vie mondaine qu'elles mènent et à la tyrannie de laquelle elles ne peuvent pas ou ne veulent pas se soustraire.

Aussi le bain électro-statique est-il le traitement tonique par excellence.

Ce que nous avons dit de l'action de l'ozone sur l'hémoglobine nous amène à conclure que, dans la cure électro-statique de l'anémie, ce gaz intervient pour une grande part.

Tous les auteurs qui se sont occupés de la question sont d'accord pour reconnaître la grande valeur thérapeutique de l'ozone gazeux dans l'anémie, quelle que soit d'ailleurs son origine.

Les observations les plus importantes à ce sujet sont dues à MM. Labbé et Oudin.

Les résultats obtenus par M. Oudin sont vraiment remarquables. Cet auteur a constaté une augmentation moyenne d'oxyhémoglobine de 2 1/2 0/0 chez des syphilitiques prisonnières de Saint-Lazare, soumises au traitement par l'ozone. Tout en étant mal nourries et dans des conditions d'hygiène déplorables, les femmes soignées par M. Oudin augmentaient de poids.

PREMIÈRE OBSERVATION
(Dr Paul Vigouroux).

Mlle L..., âgée de dix-huit ans, présente

depuis quelque temps des symptômes généraux alarmants. La santé qui, jusqu'à deux mois auparavant, avait été excellente, devient de plus en plus chancelante.

Nous constatons chez elle un état chlorotique marqué : décoloration des muqueuses, état nerveux, pleurs, perte de l'appétit et des forces. Enfin, depuis deux mois, disparition de l'écoulement menstruel qui jusque-là avait été des plus réguliers. Nous lui conseillons le traitement électrique et elle le commence le 21 août 1876.

Pendant les dix premiers jours nous ne faisons usage que du bain et du souffle. Nous dirigeons nos instruments sur tout le corps, en insistant sur les centres nerveux. Chaque séance dure dix minutes.

Au bout de ce temps, une amélioration manifeste nous permet d'espérer une guérison rapide. Nous continuons les électrisations régulièrement. Nous employons alors les frictions et les étincelles, concurremment avec les moyens précédents. Le 2 septembre, les règles reparaissent.

Après quelques jours de repos, nous reprenons les séances et nous avons la satisfaction de voir au bout d'un mois de traitement, notre malade complètement revenue à la santé. Les couleurs normales reparaissent, l'appétit est des meilleurs, l'état nerveux a disparu complètement.

Nous avons eu l'occasion de revoir souvent Mlle L..., elle se porte admirablement et la menstruation est des plus régulières.

DEUXIÈME OBSERVATION

(Dr Arthuis, *Traité des maladies nerveuses et rhumatismales*).

Mlle de X..., dix-huit ans, a toujours joui jusqu'à l'âge de seize ans d'une très bonne santé. Elle était fraîche avec assez d'embonpoint.

En 1873, survint une chlorose des plus graves : décoloration de la peau et des muqueuses, gastralgie, inappétence complète, dégoût absolu pour les aliments, pour la viande surtout, maigreur extrême, faiblesse générale excessive, suppression des règles, troubles nerveux, etc., etc. Les amers, le quinquina, le fer sous toutes les formes furent administrés, sans le plus petit bénéfice. L'hydrothérapie méthodique, faite dans un établissement spécial, ne réussit pas davantage.

En dépit de ces diverses médications, la maladie avait fait des progrès effrayants et Mlle de X... était arrivée à un tel état de marasme que médecins et parents ne conservaient plus aucun espoir de la sauver.

Lorsqu'on nous l'amena, le 18 juin 1875, elle était d'une pâleur extrème, d'une maigreur excessive et telle que notre première idée fut qu'on nous amenait une poitrinaire n'ayant plus que quelques jours à vivre (cette pensée avait déjà, du reste, été exprimée par plusieurs confrères).

Elle ne prenait presque plus rien et éprouvait d'horribles douleurs à l'estomac. La faiblesse était si grande que la pauvre fille pouvait à peine se soutenir. Les règles étaient complètement supprimées depuis neuf mois.

Le système nerveux, dans l'état le plus déplorable, ne permettait plus à la malade très bonne musicienne, d'entendre même le son du piano sans prendre une crise de nerfs.

Telle était la situation de Mlle de X... Nous ne nous rappelons pas avoir jamais soigné de malade plus gravement atteinte.

Traitement. — La jeune fille se refusant à

prendre absolument quoi que ce fût, à cause
des affreuses crampes d'estomac que déter-
minait l'ingestion du médicament même le
plus calmant, nous la soumîmes exclusivement à l'action de l'électricité statique.

L'état d'affaiblissement dans lequel elle se
trouvait ne nous permettait pas d'avoir recours à des procédés énergiques. Le *bain* et
le *souffle* furent pendant quelques jours, les
seuls moyens mis en pratique. Plus tard on
y ajouta des frictions et des étincelles, dont
on augmenta, chaque jour, et le nombre et
la force.

A peine un mois s'était-il écoulé, qu'une
amélioration frappante s'était manifestée.
La malade commençait à reprendre son teint
rose et engraissait visiblement.

L'appétit était revenu presque aussi vif
qu'autrefois.

La digestion s'accomplissait normalement ;
l'estomac avait cessé d'être douloureux.

Les forces s'accroissant rapidement, la
malade fit bientôt, sans peine, des prome-
nades de trois heures, se plaisant à lasser
son institutrice ou ceux de sa famille qui
l'accompagnaient

L'irritabilité nerveuse, très vive jusque-là,

avait en partie disparu. Mais elle ne pouvait cependant encore supporter la musique.

Pour tout dire, Mlle de X... n'était plus reconnaissable et faisait prononcer le mot de résurrection à tous ceux qui l'avaient vue si atteinte.

Le traitement, suivi avec la plus scrupuleuse exactitude, acheva la guérison.

Les règles reparurent et, au bout de quelques mois, Mlle de X... retrouva sa fraîcheur, son embonpoint, en un mot sa belle santé d'autrefois.

Il y a deux ans qu'elle est guérie et qu'elle continue à jouir d'une santé excellente.

Dans les **varices**, la franklinisation agira comme stimulant de la contraction des fibres musculaires lisses des parois veineuses relâchées. Elle opérera ici comme dans la dilatation gastrique et comme d'un autre côté ellé ne saurait avoir le moindre inconvénient, c'est une méthode dont on n'a pas le droit de priver les malades.

L'ulcère variqueux aurait pu être examiné avec les affections cutanées, mais comme le plus souvent il est lié à un trouble de l'appareil circulatoire, il doit être placé ici.

L'action du souffle statique négatif combiné avec le bain électro-statique positif, produit sur l'ulcère variqueux des résultats, le plus souvent, curatifs et rapides. Je pourrais citer quatre observations des plus persuasives qui me sont personnelles. D'ailleurs, sur ce terrain la plupart des auteurs sont unanimes.

Pour le Dr Bordier, l'action du souffle statique sur l'ulcère variqueux est rapide, elle se fait sentir dès les premières applications. Elle est caractérisée par une amélioration le plus souvent considérable des principaux symptômes qui accompagnent cette affection. C'est ainsi que souvent dès la première séance, quelquefois dès la seconde ou la troisième seulement, la sécrétion se tarit, ou tout au moins diminue d'une façon très nette. La douleur s'atténue, la marche devient plus facile, le fond de la plaie bourgeonne, les bords épidermiques se rapprochent et l'inflammation disparaît rapidement.

Il faut employer une machine à grand débit et faire trois séances par semaine.

C'est M. Marquant, de Lille qui, le premier, imagina d'utiliser les effluves statiques pour le traitement des ulcères chroniques des jambes. Il indique sa manière de faire dans la *Semaine médicale*, 1894, p. 372. Voici, d'après l'auteur, comment il convient de procéder :

1° Laver la plaie avec un liquide antisepque (sublimé ou eau phéniquée) et la recouvrir d'une couche fine d'ouate hydrophile ;

2° Mettre le malade, isolé, en rapport avec pôle négatif d'une machine électro-statique.

3° Approcher de la plaie la pointe à effluvation, laquelle doit être maintenue à bonne distance pour production du souffle. Trois séances par semaine de dix minutes chacune. A la suite, pansement antiseptique.

Ce traitement donne les résultats les plus brillants dans les cas d'ulcères variqueux provoqués par un coup, une écorchure, une rupture variqueuse ; même dans les cas de périostite, il donne d'éclatants succès.

Je suis convaincu qu'en pareil cas, l'ozone dégagé agit pour une grande part. Il aseptise la plaie qui en conserve l'odeur pendant un ou deux jours et, par sa puissance oxydante, il active la nutrition des tissus sans vitalité. On ne saurait nier, d'autre part, l'action de l'effluve associé au bain sur les nerfs trophiques de la peau.

7. — Maladies de l'appareil
génito-urinaire.

a) **Appareil urinaire.** — *Incontinence nocturne d'urine.* — Ce symptôme peut être attribué à une faiblesse du sphincter de la vessie. M. Lewis Jones l'explique par l'absence de contrôle cérébral des centres automatiques lombaires. Dès que le sommeil devient profond, ce contrôle disparaît et l'incontinence se produit.

Le traitement devra donc consister à produire des impressions douloureuses et à stimuler fortement la région périnéale ou vulvaire suivant le sexe.

La franklinisation appliquée en étincelles sur les lombes, le périnée, au-dessus du pubis, produira les meilleurs effets, mais il faut continuer le traitement assez longtemps pour faire disparaître jusqu'à la dernière trace d'une habitude invétérée.

Le Dr Albert-Weil applique le courant statique induit à l'aide de son rhéostat qu'il règle de façon à imposer aux malades la plus forte tension qu'ils puissent supporter.

La durée des séances est de cinq minutes.

Cet auteur conseille d'avoir recours de préférence aux courants frankliniques induits quand on tient vivement à frapper l'imagination. « L'étincelle qui éclate dans la machine statique, les étincelles que l'on peut tirer du corps du sujet traité, contribuent à augmenter l'impression profonde que l'enfant éprouve devant une thérapeutique nouvelle pour lui. L'électricité agit ici, plus par suggestion que par influence réelle. Comment expliquer autrement que des enfants puissent être guéris par trois ou quatre séances, voire même par une, ainsi que le cas s'est déjà présenté ? J'ai rapporté ailleurs le cas de ce malade qui m'avait été adressé par le Dr Sangline, et qui fut guéri complètement par quatre séances de traitement franklinique induit ; et j'ai, depuis l'époque où fut opérée cette guérison si intéressante, observé plusieurs faits analogues. Aussi, je me crois en droit de conclure :

« *Le procédé des courants frankliniques induits est surtout un procédé suggestif dans le traitement de l'incontinence d'urine ; il la guérit souvent avec une très grande rapidité.* » (Dr Albert-Weil, *Journal de Physiothérapie*, 15 décembre 1903, p. 437.)

La méthode du Dr Bordier consiste à employer la franklinisation hertzienne : le malade est placé sur une chaise non isolée; la chaîne d'un des condensateurs traîne sur le parquet pendant que la chaîne du second condensateur est reliée à une sonde spéciale terminée par une olive métallique et introduite dans le canal uréthral. Les pôles de la machine sont rapprochés l'un de l'autre, et leur distance est réglée de façon qu'il y ait sept à dix étincelles par seconde.

A chaque étincelle, une contraction énergique se produit; il y a donc autant de contractions du sphincter qu'il y a d'étincelles entre les boules. Au moment où se produit une étincelle, un courant alternatif ondulatoire de très haute fréquence et de potentiel très élevé parcourt le circuit compris entre les armatures externes des deux condensateurs.

Chaque séance dure cinq minutes. Le traitement n'est nullement douloureux : on devra faire deux séances par jour, pendant les deux ou trois premiers jours, puis une ensuite.

L'efficacité de ce traitement a été confirmée par V. Capriati (de Naples), et Claris (de Belgïque).(Voir *Arch. d'élect. méd.*,1898, p. 117, et 1899, p. 88.)

b) **Appareil génital.** — 1° *Homme.* — *Impuissance.* — L'impuissance sexuelle chez l'homme est, le plus souvent liée à un état général défectueux consécutif à des excès où dépendant d'un état diathésique.

Il ne nous appartient pas de rechercher l'étiologie de cette impotence fonctionnelle qui affecte si profondément le moral des malades. Qu'il me suffise de dire que les étincelles dirigées sur les lombes et le périnée produisent, dans la majorité des cas, une amélioration très marquée.

Il y a deux mois à peine, un homme de vingt-huit ans, solide d'aspect, m'avouait avoir abusé des rapports sexuels; il se reconnaissait coupable d'imprévoyance, me répétant qu'il aurait dû se ménager. Bref, il se considérait comme un homme à la mer et me demandait de lui tendre la perche. Je commençai, séance tenante, une application d'étincelles positives associées au bain électro-statique négatif. Je les dirigeai plus particulièrement sur les régions lombo-sacrée et périnéale. Le malade revint tous les trois jours. Or, voilà que vingt jours environ après le début du traitement, il m'avoua tout penaud que sa virilité reconquise venait de lui valoir une blennorrhagie. Aujourd'hui, il a séché ses pleurs et redevenu un homme, il jure mais un peu tard d'être plus prudent dans ses prochaines reconnaissances.

2° *Femme.* — Les lignes suivantes écrites par MM. Maurice Patel et Charles Viannay, de Lyon (*Gazette des Hôpitaux*, 26 mars 1904), permettent d'expliquer l'action de la franklinisation dans les troubles nerveux de l'appareil génital de la femme. Elles démontrent que, dans l'espèce, le sympathique pelvien peut être à l'origine des accidents ou bien qu'il joue un rôle de transmission prépondérant, en cas de lésion primitive constatée :

« Les troubles nerveux, atteignant l'appareil génital de la femme, ont été désignés sous le nom général de *névralgie pelvienne*. Rien n'est plus obscur et plus mal délimité que cette affection, car loin de s'entendre sur sa pathogénie, certains auteurs, comme L. Tait, nient même son existence. Cependant, les gynécologues actuels reconnaissent

bien qu'il existe chez la femme des phénomènes douloureux, à allure névralgique,
siégeant dans les organes pelviens, et qui ne
correspondent pas à des lésions définies.
C'est précisément cette absence de substance
anatomique qui est la caractéristique de
l'affection.

« Ces phénomènes douloureux existent soit
au niveau des ovaires (oophoralgie; dans
ce cas ils relèvent du sympathique lombo-
abdominal), soit au niveau de l'utérus soit
au niveau du vagin, soit au niveau de
l'appareil génital en entier. Par ses symptômes si caractéristiques, le *vaginisme* tient
une place prépondérante; sans discuter
son mode de production, sans chercher s'il
s'agit d'une contracture primitive (Hilde-
brand) ou secondaire (Raübarcky) des cons-
tricteurs du vagin, dont on a, du reste, con-
tredit l'existence, on peut admettre, avec la
plupart des auteurs, qu'il s'agit d'une hyperesthésie vulvaire, localisée ou généralisée
sur laquelle peut venir se greffer secondai-
rement une contraction musculaire. Quelle
que soit la succession de ces phénomènes,
quel que soit leur mode de production, le sympathique doit être directement incriminé,

comme nerf à la fois sensitif et moteur; la coexistence fréquente d'*hystéralgie*, de *dysménorrhée*, est un sérieux argument en faveur de cette pathogénie.

« A côté du vaginisme, les douleurs utérines, les douleurs du petit bassin, certains troubles de la menstruation, peuvent aussi reconnaître une origine sympathique; tout ce chapitre de pathologie est peu connu; sans doute, il existera souvent une cicatrice, une ulcération qui jouera le rôle d'épine inflammatoire, et que l'on pourra toujours incriminer comme point de départ des troubles constatés; il n'en est pas moins vrai que le système nerveux est en cause ou qu'il peut agir seul. Un utérus qui n'a pas de flux menstruel, celui dont le flux menstruel est trop abondant ou trop douloureux, souvent n'est pas un utérus malade, mais un utérus qui fonctionne mal. Les agents qui président à son fonctionnement sont cause et c'est à eux qu'il faut s'en prendre. » (Jaboulay.)

a.) **Affections de la vulve et du vagin.** — *Prurit vulvaire.* — Le prurit vulvaire est une des affections les plus désagréables qu'on puisse rencontrer. Il se produit très fréquemment chez les diabétiques, chez les femmes obèses ou âgées. Il est de toute nécessité, en pareil cas, de combattre la diathèse et d'agir sur l'état général par un traitement approprié. Localement, on devra isoler les parties malades et éviter le frottement.

Dans le prurit idiopathique, le traitement local héroïque consistera en effluves frankliniens répétés tous les jours pendant quinze ou vingt minutes. Les séances devront être continuées pendant un mois.

Le Dr Albert-Weil emploie les courants statiques induits appliqués quotidiennement. Il se sert de son électrode à fourreau munie du disque à pointes ou d'une tige métallique avec manchon de verre. Dès la première séance, le prurit s'atténue et la sécrétion diminue : ces bons effets s'accentuent avec la répétition des applications.

Cinq à six séances peuvent suffire dans les cas bénins pour la guérison; mais, dans la majorité des cas, il en faut vingt à vingt-cinq surtout si les lésoins sont anciennes.

Vaginisme. — C'est une affection caractérisée par une sensibilité excessive et douloureuse et par des contractions spasmodiques de là vulve et du vagin. Bien souvent un examen superficiel ne révèle rien d'anormal. On éprouve une grande difficulté à faire pénétrer l'index dans le canal vaginal qui se contracte violemment et forme, autour du doigt, un anneau contracturé et dur.

Comme presque toujours on rencontre ce symptôme chez les femmes nerveuses, on devra modifier l'état général à l'aide de bains électro-statiques négatifs de cinq à dix minutes, renouvelés tous les deux ou trois jours jusqu'à disparition des accidents.

Vaginite. — Dans la vaginité intense qui se complique si souvent de vaginisme, le Dʳ Albert-Weil emploie l'effluve statique induit.

Avec cet effluve il a traité avec un plein succès deux cas particulièrement rebelles.

Sa technique est la suivante :

Il introduit le spéculum quand cela est possible ; il relie l'électrode à fourreau de forme appropriée à la cloche de son rhéostat que nous avons déjà décrit ; il établit les connexions, il met en marche la machine statique et il soumet les points malades qui, dans les vaginites chroniques, apparaissent sous forme de taches ponctuées rouges, à l'effluvation ou même à l'étincelle. Les applications sont répétées tous les deux jours.

Vulvite folliculaire. — La vulvite folliculaire est une sorte d'acné inflammatoire. Elle est le résultat de l'inflammation des follicules pilo-sébacés et mucipares qui sont répartis sur la muqueuse de l'orifice vulvaire.

Il est de la plus haute importance que le traitement statique intervienne dès le début de l'affection, avant que les boutons formés par les glandes ou les follicules enflammés se soient ramollis. Trois ou quatre applications d'effluves statiques suffisent souvent pour amener la guérison.

Le Dr Albert-Weil utilise en pareil cas l'effluve ou l'étincelle statique induits. Quand les follicules sont enflammés, il prend son électrode à fourreau de verre, il y fixe le petit disque à pointes, et, après avoir rasé la partie à traiter, il crible les follicules d'une série d'étincelles. Il fait durer l'application une minute environ à chaque follicule.

Pendant l'opération, le follicule pâlit et s'entoure d'une auréole rouge qui dure ensuite plusieurs heures; il n'est pas rare qu'après une seule application il se dessèche et tombe.

En général, il suffit de trois ou quatre séances d'effluves pour parfaire la guérison.

Vulvites chroniques. — Le diabète, une blennorrhagie uréthrale sont, le plus souvent, les causes de la vulvite.

Dans la majorité des cas, la guérison sera obtenue par un traitement dirigé contre la cause.

Mais il est des formes rebelles aux médications. C'est ainsi que certaines vulvites diabétiques persistent après que le sucre a disparu des urines. Le Dr Albert-Weil en a observé un cas qu'il a guéri par une douzaine d'effluvations statiques.

Certaines vulvites blennorrhagiques sont également très tenaces; elles envahissent la profondeur des glandes qui tapissent l'orifice vulvaire.

Par l'effluvation statique induite, le Dr Albert-Weil a guéri plusieurs de ces vulvites.

Une de ses observations les plus remarquables est celle d'une dame qui avait une vulvite si intense qu'au début du traitement, une exploration même digitale du vagin n'était pas supportée; tout autour des caroncules myrtiformes et de l'orifice uréthral, tranchant sur la muqueuse irritée elle-même, existait une série de taches rouge foncé qui indiquaient les orifices des glandes à mucus infectées. Après la première application des électrodes à manchon de verre, les rougeurs diminuèrent; au bout de cinq séances, la sécrétion vulvaire et l'inflammation disparurent, ne laissant qu'une rougeur inflammatoire à l'orifice du canal de l'urèthre. Cette dernière inflammation avait disparu après un mois de traitement.

b) **Troubles de la menstruation.** — *Aménorrhée.* — *Dysménorrhée.* — La fonction menstruelle est, peut-être, une des plus accessibles au courant franklinien. Cela résulte de la notion des effets propres à l'électrisation statique sur la tension artérielle.

D'une façon générale, la menstruation est activée par l'électricité, aussi devra-t-on se montrer très circonspect au moment des époques chez les hémorrhagiques.

Quand l'*aménorrhée* est liée à la chloro-

anémie ou à l'obésité, la première indication
sera de combattre cet état par le bain statique accompagné de frictions et d'étincelles
sur les lombes, l'hypogastre, les cuisses.
Les séances doivent être répétées tous les
jours et commencer vingt jours avant la
date des règles. Le bain électro-statique
durera une demi-heure et la friction ou les
étincelles deux ou trois minutes seulement
pour ne pas lasser la malade.

Si les règles apparaissent avant leur date
normale pendant une série d'applications
électriques, on devra continuer quand même
le traitement qui ne pourra que faciliter la
fonction. Dès que le sang sera arrêté, on
suspendra les bains statiques pendant une
dizaine de jours pour les reprendre ensuite
comme précédemment.

Dans les *dysménorrhées* sans lésion d'orifices chez les neurasthéniques et les chloro-
anémiques, la franklinisation sera encore le
traitement de choix ; on devra, tous les
jours, pendant la durée des époques et
jusqu'à leur cessation, administrer un bain
électro-statique de vingt minutes avec frictions et étincelles sur la région lombaire.
Dès que les règles seront terminées, on sus-

pendra le traitement franklinien pour le reprendre ensuite.

Guimbail a constaté que, même lorsque les femmes recourent à la franklinisation pour des troubles étrangers aux organes génitaux, la dysménorrhée, si elle existe, est considérablement améliorée ou guérie. Le bain statique produit une avance des règles et le flux sanguin se trouve augmenté. La plus grande partie des malades soumises à ce traitement pour des douleurs périodiques les voient cesser ou diminuer dès les premières séances, pour ne plus revenir dans la suite. L'effluvation prolongée sur la région lombaire aide souvent à obtenir ce résultat.

M. Doumer a rapporté à l'Académie des sciences, dans la séance du 9 mars 1896, les résultats d'une enquête soigneusement faite qui porta sur 400 femmes prises, toutes, à l'âge d'activité utérine : 342 étaient saines au point de vue utérin et venaient réclamer des soins pour des troubles étrangers aux organes de la génération. Les 58 autres présentaient des troubles de la menstruation, parmi lesquels dominait la dysménorrhée.

Sur ces 400 femmes, 375, soit 68,5 0/0, ont vu leurs périodes menstruelles avancer sous l'influence de la franklinisation. Cette avance, surtout sensible pendant les deux premiers mois du traitement, a varié de deux à dix jours; elle s'est parfois prolongée pendant toute la durée du traitement et a même continué après sa cessation complète; deux fois seulement il y a eu du retard; enfin cent vingt-quatre fois, il n'y a eu aucune modification dans la date de l'apparition des règles.

L'augmentation du flux sanguin sur ces 400 cas, a été constatée 308 fois, soit 77 0,0. Elle s'est manifestée surtout pendant les premiers mois du traitement.

Sur 400 femmes, 178 se plaignaient de douleurs plus ou moins vives au moment des règles, soit la veille soit le jour de leur apparition, soit pendant toute leur durée; 130 se sentirent soulagées, soit 73 0/0. Les douleurs menstruelles cessèrent en général, dès les premières séances, pour ne plus revenir.

Le simple bain statique suffit en général, pour obtenir ces résultats; cependant l'effluvation ou la friction sur la région des lombes les produit plus rapidement et avec une intensité plus grande. Les pôles ne paraissent pas avoir d'action différentielle bien marquée (Guimbail).

Le Dr R. Vigouroux a constaté que tous les procédés d'électrisation intense de la région lombaire ont pour effet d'augmenter la vascularisation des organes pelviens et peuvent, en conséquence, être employés avec succès pour favoriser ou rétablir l'écoulement des règles. Il estime que, pour les jeunes filles, la franklinisation est préférable. Elle a en outre l'avantage d'améliorer l'état général. Elle consistera en fortes étincelles tirées des régions lombaires pendant que la malade sera soumise au bain électro-statique.

Le Dr Arthuis dit que tous les médecins qui se sont occupés des applications de l'électricité statique au traitement des maladies, s'accordent à reconnaître que cet agent est le plus grand régulateur de la menstruation. Il a obtenu par cette méthode de nombreuses guérisons d'aménorrhée et de dysménorrhée.

Pour le Dr Larat, l'aménorrhée est une des affections qui cèdent le plus facilement et le plus vite à un traitement électrique. L'électrisation statique générale avec étincelles sur la partie inférieure du rachis et sur les lombes est ici hors de pair.

L'électrisation statique devient, par ce fait même, un agent contre la stérilité.

c) **Affections utérines.** — *Arrêt de développement de l'utérus.* — A l'époque de la puberté, en même temps que, chez la jeune fille, la poitrine se développe, les ovaires et l'utérus s'accroissent, provoquant l'apparition des époques qui sont la manifestation physiologique d'un fonctionnement normal de ces organes.

Il arrive assez souvent que, chez certains sujets anémiés ou présentant une activité tardigrade des centres cérébro-spinaux, les règles n'apparaissent pas parce que l'utérus et les ovaires sont frappés d'un arrêt de développement.

Il y a lieu, contre cet état, d'instituer un traitement local et un traitement général.

En dehors des médications pharmaceutiques destinées à combattre l'anémie ou la dépression nerveuse, on devra avoir recours sans trop tarder à la franklinisation, qui conviendra admirablement à la faiblesse nerveuse. Pendant que la malade sera soumise au bain électro-statique, on promènera sur la région lombaire et sur l'hypogastre une boule métallique reliée au sol ou à l'autre pôle de la machine.

Les séances devront être répétées tous les jours et durer un quart d'heure au minimum. Il ne faut pas perdre de vue que le traitement demande toujours de longs mois, les arrêts de développement de l'utérus et des annexes n'évoluant vers la guérison qu'avec la plus désespérante lenteur.

Mais avec le bon vouloir combiné de la malade et du médecin, les résultats sont, la plupart du temps, favorables et l'amélioration se manifeste par l'augmentation progressive du volume de l'utérus qu'il est facile de constater et par la régularisation des menstrues.

Métrites cervicales. — Il peut y avoir métrite du col de la matrice sans que l'inflammation envahisse le corps de l'organe. Nous avons exclusivement en vue ici la métrite du col avec ectropion ou ulcération et l'ulcération seule.

Contre ces affections, le Dr Albert-Weil préconise l'effluve des courants statiques induits, que nous avons plusieurs fois expérimentés nous-même d'après la technique de cet auteur avec les plus encourageants résultats : il emploie son électrode à fourreau de verre disposée soit pour l'effluve, soit pour les étincelles. Il est à remarquer que ces applications sont en général très bien supportées par les malades.

La malade se couche sur le lit à spéculum ; on fait une injection pour balayer les mucosités du vagin, puis on introduit un spéculum quelconque. On relie l'électrode à fourreau de verre armée comme il convient, soit pour l'effluve, soit pour l'étincelle, à la cloche du rhéostat pour courants statiques induits, en disposant les appareils comme il a été déjà dit et on met le tout en marche. Dès que la machine fonctionne, on introduit graduellement l'électrode dans le spéculum en tenant le fourreau de verre entre les doigts comme une plume à écrire. Les séances durent dix minutes et doivent être répétées tous les deux jours.

De Dr Albert-Weil accorde sur les autres méthodes une incontestable supériorité aux courants statiques induits parce qu'ils s'accompagnent d'une action motrice et que, pendant les applications, la totalité du muscle utérin subit un véritable massage.

d) **Affections péri-utérines**. — *Névralgies pelviennes*. — Lorsque les ovaires sont douloureux à la pression, on fait disparaître cette sensibilité en tirant des étincelles des deux fosses iliaques.

Le Dr Albert-Weil recommande les étincelles statiques d'après la technique que nous avons décrite : Il fait coucher la malade sur le lit à spéculum, il fixe son électrode à fourreau de verre à la cloche du rhéostat en ayant le soin de visser à son extrémité le petit disque à pointes. Il tire des points ovariens des étincelles pendant cinq minutes environ sur chaque côté. Les séances qui finissent par être assez bien supportées, sont quotidiennes.

Le plus souvent ce traitement ne suffit pas chez les malades qui ont des névralgies ovariennes intermittentes ou continues. Le plus souvent, ces sujets, quand ils ne présentent pas de lésions pour expliquer leur douleur, sont des hystériques et des neurasthéniques. Il y a donc lieu de recourir aux bains électro-statiques répétés fréquemment jusqu'à sédation.

e) **Obstétrique**. — *Insuffisance de la*

sécrétion lactée. — Lorsque, chez une mère ou chez une nourrice, la sécrétion lactée devient insuffisante ou menace de se tarir, le moyen vraiment efficace est la franklinisation appliquée localement et directement sur les mamelons.

Sur treize cas dans lesquels la sécrétion lactée était presque complètement tarie, M. Bedard a obtenu onze succès.

On se sert du souffle statique et on approche graduellement la pointe du mamelon de manière à produire d'abord des aigrettes et même des étincelles si la région n'est pas trop susceptible. Dans tous les cas, il est de la plus grande utilité de diriger les étincelles sur les branches du plexus brachial s'irradiant dans la mamelle et qu'on rencontre dans les creux sus et sous-claviculaires.

Les séances sont quotidiennes et durent de douze à quinze minutes.

Le Dr Célérier (*Thèse de Paris*, 1903) emploie la technique suivante :

La femme est placée sur un tabouret isolant; on commence pour tâter la susceptibilité du mamelon par le souffle électrique; puis en emploie l'aigrette en promenant la pointe sur toute la surface aréolaire. On produit enfin l'étincelle au niveau du mamelon, de l'aréole, des creux sus et sous-claviculaires, des cinq ou six premiers nerfs intercostaux et des troisième et quatrième rameaux dorso-spinaux. Une séance par jour d'une durée minima de douze minutes. En moyenne quatre séances ont suffi pour amener une sécrétion lactée, abondante, durable et de bonne qualité.

Les excitations mamillaires par la franklinisation sont utiles pour former, endurcir le mamelon et prévenir les fissures et les crevasses.

Chaque fois que la sécrétion lactée sera ralentie et deviendra notoirement insuffisante, on aura le plus grand avantage à recourir à l'électricité statique.

Je crois intéressant de mettre sous les yeux du lecteur le résumé d'une observation qui m'est personnelle.

OBSERVATION RÉSUMÉE (Personnelle).

Mme P..., vingt six ans, nourrice, allaite depuis huit mois un bébé qui a évolué normalement. Il y a quelques jours, l'enfant pesait 8 kilogrammes, il avait 64 centimètres et augmentait de 12 grammes par jour.

Tout était donc pour le mieux lorsque P..., apprenant la mort de son propre enfant, voit son lait diminuer à ce point que le nourrisson ne prenant que 25 à 30 grammes toutes les trois heures, meurt de faim et dépérit à vue d'œil.

Je commence immédiatement à effluver avec l'*excitateur à pointes rectanguleuses* les deux mamelons, puis je dirige des étincelles sur les creux sus et sous-claviculaires.

Après la première séance qui a duré un quart d'heure, l'enfant prend 65 grammes en une seule fois.

A la séance du lendemain, je commence par effluver le mamelon gauche et, pendant que je procède à cette opération, je vois le lait s'écouler spontanément par le mamelon droit. Je procède de la même manière que la veille et je renouvelle la franklinisation tous les jours pendant six jours.

L'enfant prend le sein toutes les trois heures, de 6 heures du matin à 9 heures du soir, soit six fois par jour. Il prend 150 grammes de lait chaque fois, soit en tout 900 grammes dans la journée, ce qui est normal pour son âge. Il reprend, à partir de ce moment, d'abord 30, puis 20, puis 15 grammes pour revenir régulièrement aux 12 grammes d'augmentation quotidienne de poids qui conviennent à son âge. Quant à la nourrice, elle se porte bien, manifeste un appétit très régulier et n'éprouve aucune fatigue.

8. — Maladies des organes des sens.

a) **Ouïe**. — Le traitement franklinien ne saurait avoir dans les maladies de l'oreille une efficacité constante. Il est même une foule d'otites aiguës dans lesquelles il sera plus prudent de s'abstenir.

Dans les *bourdonnements d'oreille* reconnaissant une origine éminemment nerveuse, on obtiendra bien souvent des résultats inespérés.

C'est au souffle électrique combiné avec le bain qu'on devra avoir recours. On répétera les séances de cinq minutes tous les deux ou trois jours.

Pierson-Sperling a obtenu d'excellents résultats avec le souffle dirigé sur l'oreille ; les séances étaient de cinq minutes au début, puis d'un quart d'heure ensuite. Le traitement était continué pendant quatre semaines.

Chez un sujet qui vint réclamer mes soins pour une céphalée tenace et que je soignai par des bains électro-statiques et par la douche, je vis un bourdonnement d'oreille remontant à plusieurs années disparaître pendant que les maux de tête s'atténuaient et que l'état général se remontait. Un mois de traitement et quatorze séances au total suffirent pour amener ce résultat.

b) **Odorat.** — *Anosmie.* — L'électricité statique peut, avec de la persévérance, améliorer l'état des malades atteints d'anosmie.

Le Dr R. Vigouroux considère comme très rebelle cette affection assez rare en dehors du tabes.

Mais il ne faut pas perdre de vue que l'ozone peut avoir ici une influence locale réelle pendant que la franklinisation relèvera l'état général.

Les D^s Park et Morton ont obtenu une guérison rapide dans les cas de catarrhe chronique des fosses nasales, en employant de l'air contenant une forte proportion d'ozone (0 gr. 070 par litre). M. Oudin a obtenu deux succès semblables.

M. Labbé a également guéri un cas d'anosmie par l'ozone.

c) **Vue.** — *Obstruction des conduits lacrymaux.* — Le souffle négatif dirigé sur les points lacrymaux a pour effet rapide de décongestionner la région et de ramener la perméabilité des canalicules lacrymaux et du canal nasal. Pour obtenir un résultat rapide et radical, il est de toute nécessité que l'affection soit récente.

L'action vasomotrice du souffle intervient ici, mais le résultat est puissamment facilité par l'action antiseptique et anticatarrhale de l'ozone.

Rhumatisme goutteux des yeux et des oreilles. — Le rhumatisme goutteux des yeux et des oreilles est très fréquent, surtout dans les formes qui sont encore légères et sans lésions importantes, et c'est justement sous ces formes qu'il est assez souvent accompagné de rhumatisme goutteux céphalique (névralgies, migraines simples ou ophtalmiques, raideurs du cou, craquements articulaires des mâchoires et du cou).

Du côté des yeux, on observe : sensations de froid aux yeux, visions lumineuses ou colorées, sensibilité à la lumière vive, douleur légère à la pression de la région du cercle ciliaire, crispation douloureuse ou non du muscle ciliaire ne permettant pas longtemps la lecture ou l'écriture, plaintes contre les lumières artificielles de l'électricité, du gaz ou de l'huile. Parfois, chez les femmes surtout, sensation de vertige oculaire, etc.

Du côté des oreilles, le rhumatisme goutteux, avec les signes du rhumatisme goutteux céphalique, s'accompagne aussi de craquements dans les oreilles, de tintement, de bourdonnements, de vertige et de surdité.

Le rhumatisme goutteux, léger, des yeux, est souvent une des premières manifestations de l'hérédité goutteuse et nous l'observons très fréquemment sur les yeux des lycéens de Paris. L'application favorise la localisation dans l'œil des tendances goutteuses héréditaires.

Naturellement, contre ces rhumatismes goutteux, il faut prescrire le régime, l'exercice en plein air, les collyres et les médicaments. Mais, dans les cas un peu intenses et dans les cas qui se prolongent (les périodes des crises durent souvent plusieurs semaines et se renouvellent plusieurs fois par an), l'électricité est un puissant adjuvant; elle donne un résultat immédiat qui permet d'attendre plus facilement les effets éloignés des traitements prescrits.

L'électricité statique par influence donne non seulement la détente locale des yeux et de la tête, mais constitue encore un traitement très important du rhumatisme goutteux du sujet. Cette électricité agit en effet, comme la douche et plus que la douche, car les variations du potentiel se font de proche en proche de l'intimité des tissus vers la surface du corps où tend à s'accumuler l'électricité avant de s'écouler (Boucheron).

9. — Maladies de la peau.

L'action de la franklinisation sur les dermatoses donne de jour en jour des résultats plus encourageants. Le traitement consiste à soumettre le malade à l'action combinée du bain électro-statique et du souffle électrique.

Le malade isolé sur le tabouret est mis en communication avec le pôle négatif d'une machine à grand débit. Une pointe reliée à la terre ou au pôle opposé de la machine est disposée à une légère distance de la partie malade et dirige sur celle-ci un souffle ozoné et constant dont l'action antiseptique et excitante sur les vasomoteurs est bien connue.

De son côté, le bain électro-statique agit sur l'ensemble de l'économie; il stimule les processus nutritifs, diminue ainsi la sécrétion des glandes sébacées qu'il place dans un état de plus grande résistance. Elles se trouvent ainsi à l'abri des agents pathogènes cause des suppurations endo et péri-folliculaires de l'*acné pustuleuse*.

Ce procédé est appliqué avec succès à une foule de dermopathies.

Le Dr Albert-Weil qui, ainsi que nous l'avons déjà vu, a eu le grand mérite de démontrer que, dans certaines affections de la peau et des muqueuses, l'effluvation par les courants statiques induits donne des résultats aussi rapides et aussi démonstratifs que ceux que l'on peut obtenir avec les courants de haute fréquence appliqués à l'aide du résonnateur, a obtenu par cette méthode quelques brillants succès.

Le premier cas était une *dermite iodoformée* de l'avant-bras qui s'était montrée rebelle à diverses lotions et pommades; après une première séance de dix minutes, le prurit diminua; après la deuxième, il disparut. Au bout de cinq séances, la guérison était définitive.

Une *acné miliaire* siégeant sur les parties latérales du cou fut guérie en dix séances.

Dans un cas de *zona*, il y eut une sensible amélioration dès la première séance.

Deux eczémas furent guéris : le premier en quatre séances et le second après huit effluvations induites.

Dans le numéro des *Archives d'électricité médicale* du 15 janvier 1897, M. S. Chatzky, de Moscou, rapporte un cas de *psoriasis* ordinaire chez un sujet de trente-deux ans, guéri par le bain et le souffle électro-statique combinés. Le malade présentait un état général mauvais caractérisé par la dépression des forces, des maux de tête, de fréquents vertiges, des démangeaisons, une tristesse permanente. La franklinisation a eu, dans le cas particulier, autant d'action sur les mani-

festations locales de la lésion cutanée que
sur l'état général qu'elle a relevé, en activant
la nutrition.

Les *prurits cutanés* sont justiciables du
même traitement. Le Dr Bordier conseille
d'employer le souffle électrique en reliant la
pointe au pôle négatif de la machine. Il reconnaît à cette méthode une incontestable
supériorité sur les autres modes d'électrisation.

Voici ce qu'en dit M. Leloir (*C. R. de
l'Académie des sciences*, 12 juin 1893) :

« Depuis environ deux ans, j'ai employé
avec des résultats les plus inattendus l'effluve
électrique dans environ vingt-cinq cas de
prurit localisé, ou généralisé, des plus tenaces, ayant résisté à tout traitement. Grâce
à la collaboration de mon collègue, M. Doumer, j'ai traité ainsi des cas de prurit vulvaire, de prurit anal, de prurit des extrémités.

« Bon nombre de cas ont été guéris au
bout d'un nombre de séances variables.
L'état eczémateux ou lichénoïde consécutif
au prurit a disparu. Dans un certain nombre
de cas, le prurit a été amendé plus ou moins
notablement, mais n'a pas disparu en entier.

Enfin, dans quelques cas, le prurit a résisté à tout traitement.

« J'ai obtenu des effets analogues dans le traitement du prurit généralisé, mais les résultats ont été moins bons que pour le prurit localisé. Voici comment j'ai procédé :

« Le malade est placé sur un tabouret à pieds de verre relié à l'un des pôles d'une puissante machine statique; puis on approche de la région malade, à 10 ou 15 centimètres, une pointe métallique reliée à l'autre pôle de la machine. Dans ces conditions, le sujet éprouve la sensation d'un souffle frais accompagné parfois de légers picotements nullement désagréables. La pointe doit être promenée lentement sur toute la région malade.

« La durée totale de l'application doit être d'environ douze à quinze minutes, rarement plus.

« Cette méthode peut rendre de grands services dans le cas de prurits cutanés rebelles. »

Le Dr Monell rapporte, dans le *Medical Record* du 18 novembre 1893, plusieurs observations soit de prurit, soit d'hyperesthésies cutanées chroniques, guéris par l'emploi du souffle électrique.

J'ai obtenu, pour ma part, plusieurs guérisons de prurits rebelles et anciens à l'aide du souffle électro-négatif appliqué pendant dix minutes avec la *boule rectanguleuse* et renouvelé tous les jours jusqu'à guérison.

Un grand nombre d'eczémas ont été guéris par la franklinisation. M. Doumer, de Lille, eut, le premier, l'idée de soigner cette affection par ce procédé.

Le Dr Monell a également publié plusieurs observations d'eczémas guéris par la franklinisation; il a fait disparaître ainsi des eczémas datant de quinze ans et plus.

Le Dr Bordier soumet le malade au bain électro-statique et, en même temps, il dirige au-devant de la région atteinte d'eczéma une pointe qui donne naissance à l'effluvation obscure. Le souffle négatif étant plus puissant doit être préféré, il impressionne une surface plus restreinte que le souffle positif. Il agit plus activement sur le papier ioduré-amidonné. Les séances durent un quart d'heure au maximum.

Le succès dépend beaucoup du débit de la machine. Celui-ci doit être le plus grand possible.

L'action du bain statique sur les processus

de nutrition est ici des plus manifestes. On
constate, en effet, que les plaques d'eczéma
non soumises au souffle guérissent en même
temps que celle qui a été effluvée. Mais le
souffle a une utilité incontestable en facili-
tant le passage d'une plus grande quantité
de fluide électrique à travers l'organisme du
sujet.

La quantité d'électricité mise en jeu joue
ici un rôle prépondérant.

Le même auteur a publié dans le numéro
de la *Semaine médicale* du 18 juillet 1897,
l'observation d'un cas d'*acné ponctuée* et
d'*acné pustuleuse* des plus rebelles chez un
sujet dont la face était envahie depuis six
ans, traité par lui avec succès par le même
procédé électrothérapique. L'action combinée du bain électro-statique et du souffle
électrique amena la guérison. Il suffit de
trois applications par semaine pendant deux
mois consécutifs pour obtenir ce résultat.
Les séances doivent durer de quinze à vingt
minutes.

Guimbail, par la même méthode, a obtenu
la guérison dans deux cas d'*acné rosacée*,
vulgairement *couperose*. Ses deux malades
présentaient une affection d'aspect identique.

La face et le nez parsemés de petites pustules rouges, le facies congestionné avec vascularisation exagérée chez l'une d'elles, jeune fille de vingt-quatre ans, séborrhée, etc., montrait que l'affection était, chez chacune de ces malades, arrivée à la troisième période. La première était soignée depuis cinq ans et la seconde depuis deux ans sans aucun résultat, malgré les médications les plus diverses et les plus rationnelles instituées. Les régimes les plus sévères furent rigoureusement suivis. Le soufre, le mercure, la résorcine, l'acide salicylique furent conseillés comme topiques par les spécialistes les plus éminents, sans amener la moindre amélioration. Le souffle franklinien appliqué tous les jours pendant une demi-heure guérit radicalement la première en un mois et améliora considérablement la seconde en deux mois.

L'*impetigo* est rapidement amélioré par l'effluvation. L'érythème disparaît dès la première séance. Après quatre ou cinq séances, les croûtes se détachent, laissant voir à leur place une peau rose qui ne tarde pas à reprendre sa coloration normale.

Ce qui se passe ici indique combien est puissante l'action directe des courants statiques sur les éléments anatomiques des tissus malades. L'élément nerveux ne joue, en effet, qu'un rôle effacé et secondaire dans l'impétigo. C'est donc bien l'électricité appliquée localement qui seule intervient pour guérir cette maladie.

MM. les Drs Doumer (de Lille) et J. Levezier disposaient au 9 février 1898 de quatorze cas typiques de cette affection ayant guéri rapidement sous l'influence de l'effluvation électrique. Il s'agissait d'enfants de six mois à douze ans. Le prurit s'efface d'abord, la sécrétion se tarit, les croûtes se détachent et ne reparaissent plus. L'érythème pâlit vite, les ganglions engorgés diminuent de volume, l'appétit et l'amélioration de l'état général reviennent parallèlement. Le pôle positif a paru à ces praticiens le plus actif : ils se sont servis soit d'une brosse de chiendent, soit d'une pointe métallique. Le nombre maximum des séances fut de huit. Chez un seul enfant atteint d'impétigo grave et très débilité, la guérison ne survint qu'au bout de dix-sept séances. Les auteurs estiment qu'il est préférable d'espacer les séances, en raison d'une sorte d'accoutumance de l'organisme à l'électrisation.

Fait intéressant que j'ai pu constater dans ma pratique, les cheveux lorsqu'ils sont secs et décolorés, deviennent plus foncés en même temps que plus onctueux. Il semble aussi que leur pousse est plus vigoureuse et qu'ils deviennent plus épais (Guimbail).

La *sclérodermie* est combattue avantageusement par la franklinisation qui modifie l'état général (R. Vigouroux).

Dans l'*urticaire* où les troubles nerveux interviennent pour une grande part, la franklinisation agit en diminuant l'irritabilité des centres vasomoteurs. Le Dr Abranistchev l'a employée sous forme de bains statiques avec les meilleurs résultats. Les séances avaient lieu tous les jours et duraient quelques minutes seulement. Sur dix malades atteints d'urticaire d'origine centrale, neuf ont guéri par le seul emploi du bain électrostatique.

Les *chéloïdes* sont constituées par un tissu fibreux apparaissant sur les cicatrices et plus particulièrement sur celles des brûlures.

On peut les attaquer utilement par la franklinisation. Ce traitement, d'après Bordier, consiste à appliquer des étincelles sur la cicatrice hypertrophiée. Suivant la susceptibilité du malade, on emploie comme excitateur, soit une sphère métallique, soit une pointe conique. On promène très régulièrement les étincelles sur tous les points de la tumeur de manière à répartir uniformément l'action électrique.

Selon le volume de la chéloïde, les séances sont de cinq ou de dix minutes. Il faut veiller à ne pas produire de vésication par une trop grande intensité de courant.

Derville conseille de laisser écouler quinze jours entre les séances, pour bien se rendre compte des modifications que subit le tissu fibreux. Trois ou quatre séances ainsi espacées ont été suffisantes chez quelques malades.

Bécue a réuni cinq cas de guérison obtenus par ce traitement.

Les *brûlures* sont favorablement modifiées par le souffle franklinien. J'ai obtenu, par l'emploi du souffle négatif, le malade étant soumis au bain électro-statique positif, les plus encourageants résultats.

Dans une brûlure au troisième degré de
la paroi abdominale, remontant à trois mois
et ayant produit une plaie circulaire sanieuse
de 10 centimètres de diamètre, j'ai vu le
souffle, répété tous les jours pendant dix minutes, amener rapidement l'assèchement de
la plaie pendant que le fond bourgeonnait
vigoureusement et que l'épiderme marginal
gagnait chaque jour du terrain. Dix-huit
séances amenèrent la guérison à laquelle
l'ozone ne me semble pas étranger.

J'ai vu disparaître et avorter en cinq ou
six séances des *furoncles* sur lesquels je diri-
geais le souffle pendant cinq à six minutes.
J'ai remarqué que, dans l'espèce, il y avait
intérêt à faire usage du souffle positif qui,
plus disséminé et moins violent, permettait
de prolonger les séances sans exposer à la
production de phlyctènes.

Mon expérience personnelle m'autorise à
dire que, dans la *pelade*, le souffle électro-
statique peut produire les meilleurs résultats.

J'ai publié l'année dernière l'observation
assez intéressante d'un malade atteint de
pelade, chez qui tous les traitements révulsifs ou excitants avaient échoué. Sachant
que nombre d'auteurs relient cette affection

à des troubles nerveux, j'avais conseillé à
ce malade quelques effluves statiques sur
les plaques. J'avoue que je ne comptais pas
tout d'abord sur un brillant résultat, lorsque
je fus assez surpris de voir, après huit ou
dix séances répétées de trois en trois jours,
les cheveux repousser et les surfaces ébur-
nées se transformer en une brosse un peu
dépigmentée mais visible à l'œil nu. Des
circonstanses imprévues ayant interrompu
le traitement pendant plus de deux ans, je
vis reparaître un jour le même sujet porteur
de plaques plus grandes et redevenues lisses
comme l'ivoire. Je recommençai les applications du souffle électrique. Les cheveux
firent leur réapparition dès la septième
séance et, après trois mois de traitement, le
malade put être considéré comme guéri.

Régime. — Si l'hygiène et le régime ont
une importance capitale pour favoriser l'action de l'électricité statique dans une foule
d'affections d'origine diathésique telles que
la neurasthénie, c'est dans les dermopathies
qu'il importe d'instituer un régime approprié.

L'électrothérapeute ne saurait se désinté-
resser de cette question dont la notion lui

assurera les meilleures garanties de succès.

D'une manière générale, le malade devra régler son régime suivant son état diathésique au moins autant qu'en prenant pour base les aliments nuisibles ou indifférents à la dermatose dont il est atteint.

Voici dans les grandes lignes la nomenclature des aliments interdits ou tolérés telle que l'expose Guimbail dans sa *thérapeutique par les agents physiques*, d'après une clinique du Dr Brocq :

I. **Aliments défendus.** — A. *Alimentation animale.* — Gibier, canard, charcuterie, viandes fumées et salées, viandes faisandées; poisson en général, dorades, sardines, harengs, maquereaux, saumon, raie, etc.; homards, langoustes, crabes, crevettes, écrevisses, coquillages (surtout les moules), salaisons, conserves, sauces épicées, ragoûts, sauces anglaises.

B. *Légumes.* — Tomates, aubergine, oseille, asperges, cresson, choux, choux-fleurs, concombres, truffes.

C. *Fromages salés et fermentés.* — Le brie, le roquefort, le camembert, etc.

D. *Fruits.* — Fraises, framboises, groseilles, noix, amandes, pommes, poires, melons, figues, même le raisin, les sucreries, les pâtisseries.

Les aliments acides en général sont à éviter; les aliments gras, beurre, huile, graisse, sont diversement supportés par les malades et, par conséquent, peuvent être tolérés chez les uns et doivent être proscrits chez les autres.

Les boissons alcooliques sont toutes défendues. Au repas, on boira, soit une infusion chaude aromatique ou légèrement amère, soit une eau minérale très peu minéralisée ou non minéralisée (Evian par exemple), coupée d'un dixième de vin blanc naturel. Les vins médicinaux de coca, kola, quinquina, etc., doivent être proscrits. Il en est de même du café, du thé.

II. Aliments permis. — A. *Alimentation animale.*—Viandes blanches, poulet, dindon, veau, agneau, porc frais, bœuf moins recommandable, mouton de préférence au bœuf. Sole et merlan autorisés à condition d'être mangés bouillis.

B. *Légumes.* — Petits pois, épinards, haricots verts, fèves, pommes de terre, lentilles.

C. *Œufs. Laitage*. — Le régime lacté exclusif ou mixte rend les plus grands services dans une foule de dermatoses.

D. *Fromages*. — Blanc, frais, fromage à la crème, fromage dit suisse.

E. *Fruits*. — Les fruits à gros noyau, cerises, abricots, pêches. Fruits cuits, sauf fraises et framboises.

Cependant ce régime peut dans la pratique subir de nombreuses modifications. Le rôle du médecin consiste à tracer les grandes lignes, et le malade doit ensuite, en s'observant avec soin, dresser la liste des aliments qui lui conviennent en éliminant du même coup ceux qui peuvent lui nuire. Il en est de même, du reste, dans la plupart des maladies et particulièrement dans les dyspepsies.

Dans le choix de la *Boisson* habituelle, au cours des affections de la peau, les boissons alcooliques étant proscrites du régime, on tiendra compte de la forme dont est atteint le malade. La pensée sauvage sera prescrite dans l'impétigo, dans la croûte de lait, les gourmes des enfants ; la douce-amère dans les dartres prurigineuses. Les décoctions de bardane, de saponaire, de bourrache, de

buis, de gaïac seront ordonnées au rhuma-
tisant; celles de salsepareille, de squine,
de sassafras, aux herpétiques et aux syphilitiques. La gentiane, la centaurée, le fume-
terre, la pensée sauvage, les feuilles de
noyer, le houblon seront conseillés aux lym-
phatiques et aux scrofuleux; on réservera
aux dyspeptiques le trèfle d'eau, l'aunée,
l'ortie blanche, la chicorée sauvage, le pis-
senlit.

Toutes les médications ayant pour but de
favoriser les actes digestifs seront mises en
en œuvre de prime abord, dans le cas de
dermatose. Il n'est pas rare de découvrir
une relation directe de cause à effet entre
une affection gastro-intestinale et une der-
mopathie quelconque. M. Gaillard a souligné
l'importance de cette constatation pathogé-
nique, à la Société des Hôpitaux, le 5 mars
1897, en présentant le cas d'un enfant de
cinq ans qui, à la suite d'une colite muco-
membraneuse aiguë, fut atteint d'un érythème papuleux, localisé d'abord, puis
généralisé à toute la surface du corps. Cet
érythème s'accompagna d'une fièvre vive
qui nécessita l'usage des bains froids et de
l'entéroclyse. L'examen des mucosités intes-

tinales n'a décelé que du coli-bacille. L'érythème était vraisemblablement infectieux et semblable à ceux qui se montrent au cours de la fièvre typhoïde et du choléra. Les enfants en sont très souvent atteints comme complication de désordres digestifs.

L'hygiène de la table est souveraine sur ce point de prophylaxie des dermatoses. C'est un grave défaut de notre temps que l'abus de régimes surabondants et excitants, et c'est contre ce régime excessif et déréglé qu'il importe de réagir. « On mange trop, dit le professeur Fournier; on dépasse, comme poids, la ration nécessaire; on mange mal en ce sens que l'on mange de mauvaises choses, ou, ce qui revient au même, de bonnes choses en excès. Il y a longtemps que les dermatologistes ont montré que nombre de dermatoses telles que l'eczéma, le furoncle, le psoriasis, l'acné, la couperose, etc., ont leur cause d'exacerbation et d'entretien, voire, peut-être, leur raison originelle, dans un régime défectueux, abus dans l'alimentation, abus dans les boissons. » (Fournier, *Indép. méd.*, 27 janvier 1897.)

Chez le nouveau-né, l'enfant allaité, on régularisera les tétées, on surveillera soigneusement les évacuations et on s'occupera de l'alimentation de la nourrice. Quand l'enfant est élevé au biberon, on l'habituera au lait stérilisé; on réglementera les heures où on le donne et la quantité absorbée chaque fois. A l'époque du sevrage, on n'abandonnera rien à la routine et à l'incompétence.

Enfin, chez l'adulte, la vie morale et psychique sera surveillée autant que le malade en permettra l'accès au médecin. Les émotions vives ou bien modérées mais persistantes, devront être évitées, on recommandera la vie en plein air le plus longtemps possible, l'exercice modéré sous la forme qui plaît le plus au patient. Les excitations nerveuses de tout ordre seront écartées de sa vie habituelle. L'habitation à la campagne sera prescrite si elle est réalisable.

Ainsi, le régime physique et moral s'associant pour l'œuvre commune, formeront à la médication par les agents physiques une base solide et indispensable à la guérison définitive des dermopathies (Guimbail).

CHAPITRE V

DU RÔLE DE LA SUGGESTION
DANS LA FRANKLINISATION

« Bon nombre de médecins », dit le Dr R. Vigouroux dans la *Thérapeutique de Manquat*, 5e éd., p. 1068, « sont d'avis que l'électrothérapie appartient à la physique, plutôt qu'à la médecine. Ils auraient exactement les mêmes raisons de considérer la pharmacothérapie comme une branche de la chimie.

« D'autres ne manquent pas une occasion de déclarer que les effets curatifs de l'électricité ne peuvent s'expliquer que par la suggestion. Pourquoi ceux de l'électricité plutôt que les autres ? L'électricité n'aurait-elle donc qu'une action purement imaginaire ? La vérité est que la suggestion peut jouer un rôle en matière d'électrothérapie, mais ni plus ni moins que dans les autres formes de médication. »

Au congrès de Francfort de 1891, ce même apôtre de l'électricité statique, pour démontrer la valeur effective de cette méthode et la défendre contre ceux qui lui attribuent une valeur purement psychothérapique, avait déjà fait un chaud plaidoyer dont nous croyons intéressant de mettre quelques passages sous les yeux du lecteur :

« On pourrait se contenter de répondre que la suggestion joue dans l'électrothérapie le même rôle que dans le reste de la thérapeutique. Mais ce rôle n'est pas encore bien défini ; on ne comprend pas, notamment, si ceux qui parlent de suggestion voient en elle le facteur unique de toute action médicale ou s'ils la considèrent seulement comme un succédané efficace de la plupart des méthodes thérapeutiques. Il est donc nécessaire d'envisager la question au point de vue spécial de l'électrothérapie.

« Il y a d'abord à se demander pourquoi cette explication par la suggestion est invoquée pour l'électricité plutôt que pour les autres agents de la thérapeutique. Cela provient, je crois, de certaines associations d'idées assez vagues. Ainsi on admet maintenant que l'électricité est utile dans l'hystérie et comme, d'autre part, c'est une opinion assez répandue que l'hystérie et ses manifestations sont d'ordre essentiellement psychique et que, d'autre part, la suggestion est très facile à produire chez les hystériques, on en conclut que l'électricité n'est chez elles et par suite, partout ailleurs, qu'une simple forme de la suggestion. C'est aller beaucoup trop vite ; mais qu'il soit formulé ou non, ce raisonnement règle la conduite de beaucoup de médecins. L'électricité est la médication de l'hystérie, disent-ils avec une nuance de dédain, et ils conseillent l'électricité aux hystériques à peu près dans le même esprit qu'ils les envoient à Lourdes. Une telle manière de voir est doublement erronée : d'abord en ce qui concerne l'électricité, sous toutes ses formes, qui ne peut évidemment pas être regardée comme un agent physique indifférent ; ensuite en ce qui concerne la maladie elle-même. On oublie trop facilement que l'hystérie n'est pas tout entière contenue dans la forme psychique et que toutes ou tous les hystériques ne sont pas des aliénés. Beaucoup de malades présentent des manifestations indubitablement hystériques (paralysies, contractures; spasmes, etc.) sans que leur équilibre moral et intellectuel soit troublé en quoi que ce soit.

« D'autre part, les hystériques à manifestations psychiques ne sont pas pour cela à l'abri, bien au contraire, des complications d'ordre vulgaire (névrites, atrophie dégénérative et sclérose musculaires, rétraction fibreuse, etc.).

« Enfin, psychique ou non, l'hystérie ne peut plus être considérée comme une maladie sans substratum organique. On sait que la nutrition est défectueuse et très ralentie et que, dans bien des cas, elle est en rapport avec la diathèse arthritique. En outre la circulation présente un état spécial analogue à celui de la chlorose et de la mélancolie et qui se traduit, entre autres phénomènes, par une augmentation de la résistance électrique.

« Il faut donc ne pas se laisser dominer par des opinions vagues, d'origine plus littéraire que clinique et penser que le médecin, en présence d'un cas d'hystérie, a quelque chose de plus à faire qu'une dissertation sur l'*éternel féminin*. En somme, au point de vue thérapeutique, il peut y avoir dans l'hystérie des symptômes mobiles et justiciables de la suggestion et d'autres au contraire qui, comme la diathèse elle-même, réclament un traitement réel. On n'est donc pas autorisé à considérer à priori l'électricité comme un simple moyen de suggestion par cette seule raison qu'elle est efficace dans l'hystérie.

« Passons maintenant à l'examen de la question et commençons par reconnaître que la suggestion peut intervenir dans le traitement électrique aussi bien que dans tous les autres. Il s'agit de déterminer les limites de cette intervention...

« ... On peut mettre sur le compte de la suggestion une bonne partie des résultats produits par les procédés les plus usuels de de l'électrothérapie, par exemple les résultats purement suggestifs tels que la sensation de bien-être et de délassement qui suit le bain électrique, ou encore l'amélioration subite d'une paralysie fonctionnelle et surtout les guérisons soudaines très analogues aux miracles de Lourdes des paralysies ou contractures hystériques.

« L'observation montre que tous ces faits ne relèvent pas nécessairement de la suggestion.

« On peut vérifier l'origine de ces effets au moyen d'expériences de contrôle. Il faut d'ailleurs savoir que la suggestion n'agit pas toujours dans un sens favorable au traitement; un certain nombre de malades ne se soumettent à l'électricité qu'à contre-cœur et avec le parti pris inconscient de l'accuser de tous les inconvénients qui pourront survenir. Il est intéressant de constater que les préventions défavorables, lorsqu'elles n'amènent pas l'abandon prématuré du traitement, ne nuisent en rien à son succès définitif. Dans deux cas où des accès de dyspnée se produisaient dès que les malades (femmes) étaient placées sur le tabouret, il m'a été facile de montrer que l'imagination était seule en cause, en faisant tourner la machine à vide, sans électrisation.

« Quant aux guérisons instantanées d'apparence thaumaturgique, elles sont, à première vue, favorables aux partisans quand même de la suggestion. Je crois pourtant que, même là, la vérité est entre les opinions extrêmes.....

« ... Dans un grand nombre de cas où la suggestion est à la rigueur possible, le résultat thérapeutique s'explique avec beaucoup plus de vraisemblance par une action physique...

« Prenons les effets cataphoriques de l'électricité, que l'on observe par exemple dans la résorption rapide des collections séreuses ou sanguines. La suggestion revendique des cas de ce genre ; mais déjà son domaine se resserre, car elle n'obtient des résultats de cette nature qu'exceptionnellement et chez des sujets choisis. De même pour les effets vasomoteurs. Ici le parallèle demande à être suivi d'un peu près. Nous savons que chez des sujets entraînés, la suggestion peut produire des hypérémies limitées et figurées. Peut-elle imiter l'action polaire de l'électricité et provoquer simultanément l'hypérémie sur un point et l'ischémie sur un autre?.....

« Quant à l'excitation neuro-musculaire, nous savons que, chez un sujet en état somnambulique, on peut obtenir sans contact l'imitation à un certain degré de l'électrisation localisée. Voulant mettre en opposition pour les comparer, le pouvoir inhibiteur de la suggestion et le pouvoir excitateur de l'électricité, j'ai demandé à un confrère très versé dans les procédés de l'hypnotisme, s'il pourrait suggérer à un sujet d'empêcher ses muscles de répondre à l'excitation électrique. Il me répondit sans hésiter que rien n'était plus facile et l'expérience fut faite sur-le-champ. Or les muscles du sujet suggestionné se comportèrent exactement comme ceux de tout autre sujet sain.

« Supposons un muscle malade, présentant la réaction de dégénérescence, il n'obéit plus ni à la volonté, ni à l'excitation faradique ; mais il suffit d'une étincelle électrique faible pour le faire contracter. La suggestion a-t-elle jamais obtenu la contractraction d'un muscle dans cet état?

« L'action trophique de l'électricité est assez admise dans ses effets locaux sur les muscles atrophiés bien qu'en réalité sujette à contestation. Ce qui est beaucoup mieux établi, et aussi beaucoup moins connu, c'est *l'influence stimulante et régulatrice de l'électricité sur la nutrition générale, influence attestée par les modifications de la température du corps, des échanges respiratoires et de la composition de l'urine. Cette influence est exercée au maximum par l'électrisation statique*..... (Voir Damian, *Sur l'action physiologique de l'Electricité statique*, 1890. — D'Ar-

sonval, *Soc. de Biol.*, 1891. — R. Vigouroux
dans *Traité de la neurasthénie de Levillain*,
1891, etc.) Ce résultat est assez piquant si
l'on remarque que beaucoup de médecins,
des électrothérapeutes même, disent volontiers que c'est surtout à propos d'électricité
statique que l'on peut parler de suggestion,
comme s'il y avait des différences de nature
entre les diverses formes d'électricité, et
comme si l'électricité statique ne possédait
pas une action physique et physiologique
aussi tangible que les autres. Elle a, en
outre, une action eutrophique plus manifeste. Je dirai même que, à en juger par l'observation clinique, cette action sur l'organisme malade est très certainement supérieure à celle constatée par les expérimentateurs sur les animaux ou l'homme sain. Une
différence analogue est d'ailleurs constatée
pour la plupart des médicaments. Le fait
dominant... surtout dans la franklinisation,
le résultat principal auquel peuvent se rapporter presque tous les autres, c'est le
changement dans la nutrition, changement
qu'on peut suivre jour par jour en notant
les variations de la composition de l'urine.

« Les partisans de la suggestion expliqueront le fait par la stimulation générale psychyque. Soit; mais ils n'expliqueront pas pourquoi le taux de l'urée, la proportion respective des phosphates terreux et alcalins sont en relation étroite avec la durée des séances et la nature des excitations électriques (Damian).

« La suggestion n'a pas encore, que je sache, produit des phénomènes de cet ordre. On n'imagine pas facilement un expérimentateur suggérant à son sujet d'avoir le lendemain 25 grammes d'urée dans son urine au lieu de 18 ou réciproquement.

« Relativement à ce chapitre si important de l'influence de l'électricité sur la nutrition, je citerai encore l'efficacité de l'électricité dans le diabète sucré. Un exemple frappant en est rapporté dans l'ouvrage cité de Levillain, et j'ai eu maintefois l'occasion de voir d'autres faits confirmatifs. Je ne crois pas que la suggestion ait jamais donné de résultats de ce genre.

« Supposons cependant la suggestion aussi puissante sur la nutrition que l'électricité, ses partisans ne pourraient pas lui attribuer les résultats obtenus dans des cas où, suivant leur propre aveu, la suggestion est impossible. Ainsi, dans la mélancolie avec stupeur, les effets si remarquables de l'électricité sur la nutrition, la calorification, la circulation ne sont évidemment pas du domaine de la suggestion. De même dans la sclérose cérébrale infantile, etc.

« Cette discussion aurait pu embrasser bien d'autres faits de détail non moins significatifs. Ce que je viens de dire me paraît suffisant pour motiver une conclusion :

« Si grande que l'on veuille faire, en forçant même la vraisemblance, la part de la suggestion dans les résultats thérapeutiques de l'électricité, il reste toujours un groupe imposant de faits auxquels la suggestion est manifestement étrangère. L'action physiologique et thérapeutique de l'électricité est en rapport avec ses propriétés physiques ; cette action est régulière, en relation constante avec la forme et la quantité d'énergie employée. Tandis que les effets de la suggestion présentent le caractère opposé.

« Il n'y a pas plus de raison de chercher dans la suggestion la raison unique de l'efficacité thérapeutique pour l'électricité que pour les autres agents physiques. Pour justifier une tentative de ce genre, il faudrait démontrer d'une part que la suggestion peut produire tous les effets physiologiques et thérapeutiques de l'électricité et, d'autre part, que l'action physique de celle-ci est sans influence sur l'organisme. Nous avons vu suffisamment qu'aucune de ces conditions ne peut être remplie.

« Remarquons encore que le scepticisme outré des partisans de la suggestion à l'égard des agents physiques, se concilie avec une crédulité non moins outrée à l'égard de l'influence psychique. Un peu d'éclectisme et de critique seraient à propos:

« Il est donc à désirer que cette question soit, à l'avenir, traitée d'une manière scientifique et que le mot suggestion ne soit plus employé à la légère pour écarter sans examen une branche importante de la thérapeutique. » (*Electrotherapeutische streitfragen*, Wiesbaden, Verlag von J. f. Bergman, 1892.)

Cette longue citation me dispense de m'étendre plus longuement sur ce point si longtemps discuté de l'influence psychique en électrothérapie.

La machine à grande surface dont je fais

constamment usage doit primer toutes les autres pour son rôle suggestionnant. Cette énorme sphère nickelée de 83 centimètres de diamètre est bien faite pour impressionner les nerveux, surtout si des étincelles aussi brillantes que bruyantes viennent à se mettre de la partie.

Il m'est arrivé de voir une malade hémianesthésique atteinte depuis cinq semaines d'une contracture du sterno-mastoïdien gauche, redresser brusquement la tête, puis la tourner et me regarder bien en face, le plus naturellement du monde et sans aucune raideur musculaire, alors qu'après l'avoir installée sur le tabouret d'isolement, j'avais eu juste le temps de démarrer mon moteur. Je n'avais pas encore embrayé les plateaux que survenait une guérison pseudo-miraculeuse qui s'est maintenue depuis.

En toute conscience, ce n'est pas là la monnaie courante des observations quotidiennes.

Peut-on sérieusement mettre sur le compte de la suggestion les guérisons par le courant franklinien, du diabète, du rhumatisme chronique, de l'asthme ancien, de la paralysie infantile, de la névrite sciatique double dont j'ai rapporté les observations ?

Je n'insisterai pas. Qu'en dehors de l'action incontestable du fluide électrique, une fois par hasard la suggestion nous apporte son appoint, que l'ozone lui-même nous aide puissamment dans bon nombre de cas, peu nous importe pourvu que nous guérissions nos malades.

TABLE DES MATIÈRES